践行·敢为

非常感谢一直支持与陪伴我们的朋友与家人！

"十四五"国家重点图书出版规划项目

未来能源技术系列

总主编 黄震

红外辐射制冷与应用

INFRARED RADIATIVE
COOLING
AND APPLICATIONS

胡志宇 木二珍 编著

上海交通大学出版社

SHANGHAI JIAO TONG UNIVERSITY PRESS

内容提要

本书是"十四五"国家重点图书出版规划项目"未来能源技术系列"丛书之一。随着化石能源危机的加剧和温室效应的日益显著,"碳达峰、碳中和"成为当前全球发展的主题,能源利用的结构已从传统单一能源结构向多元化的新型洁净能源(风能、太阳能、氢能、核能等)结构演化。本书的主要内容包括当前世界能源应用现状、辐射制冷基础、辐射制冷材料的开发应用、辐射制冷器件的加工研究、辐射制冷技术的应用,以及辐射制冷技术在未来能源技术应用研究中的发展前景等。本书结构清晰,内容深入浅出,可供各高等院校的新能源及其相关专业的师生使用,也可作为新能源专业从业人员的参考用书。

图书在版编目(CIP)数据

红外辐射制冷与应用/ 胡志宇,木二珍编著. —上海:上海交通大学出版社,2022.11
(未来能源技术系列/ 黄震主编)
ISBN 978 - 7 - 313 - 26160 - 1

Ⅰ. ①红… Ⅱ. ①胡… ②木… Ⅲ. ①红外辐射—制冷 Ⅳ. ①O434.3

中国版本图书馆 CIP 数据核字(2022)第 020179 号

红外辐射制冷与应用
HONGWAI FUSHE ZHILENG YU YINGYONG

编　著：胡志宇　木二珍
出版发行：上海交通大学出版社　　　　　　地　　址：上海市番禺路 951 号
邮政编码：200030　　　　　　　　　　　　电　　话：021 - 64071208
印　制：苏州市越洋印刷有限公司　　　　　经　　销：全国新华书店
开　本：710 mm×1000 mm　1/16　　　　　印　　张：13.25
字　数：246 千字
版　次：2022 年 11 月第 1 版　　　　　　　印　　次：2022 年 11 月第 1 次印刷
书　号：ISBN 978 - 7 - 313 - 26160 - 1
定　价：98.00 元

前　　言

　　能源问题已经成为当今世界最关注的问题之一,全球气温快速上升与严重的环境污染问题已成为人类不得不认真面对的问题。能源与环境保护是关系到国民经济发展和国家安全的重大问题。能源作为人类社会经济发展的重要物质基础,随着人类社会经济水平的不断进步和生活要求的不断提高,能源消耗越来越大,能源危机也随之出现。作为世界最大的能源消费国,如何有效保证国家能源安全、有力保障国家经济社会发展,始终是我国能源发展面临的首要问题。基于上述背景,能源革命势在必行。本次能源革命的发展趋势呈现出几个特点:一是一次能源结构处于高碳向低碳转变进程,二是新能源和可再生能源成为未来世界能源结构低碳演变的重要方向,三是电力将成为终端能源消费的主体,四是能源技术创新在能源革命中起决定性作用。近年来,随着新能源技术的不断发展,新能源在世界能源结构中所占的比例不断提高。目前世界各国都在积极开展新能源技术的研究,2020年上半年受到新冠肺炎疫情影响,石油、天然气、煤等传统能源销量大幅度下降,但是,各国在光伏、风电等新能源方面的投资仍然强劲。

　　从我国的能源消费结构和碳排放量来看,在自然资源先天条件的限制下,我国的能源结构仍然以化石能源为主导。2020年,中国的煤炭消费量占能源消费总量的56.8%,石油消费量占比为18.9%,天然气消费量占比为8.4%,化石能源总消费量占比近85%。能源需求的增长和以化石能源为主导的能源消费结构导致了我国较高的二氧化碳排放量。目前,中国化石能源消费产生的碳排放量接近100亿吨。从化石能源碳排放的不同类型来看,煤炭消费造成的二氧化碳排放量已超过75亿吨,占化石能源碳排放总量的75%以上。其次是石油和天然气消费引起的二氧化碳排放,分别约占14%和7%。

从不同行业的碳排放量来看，作为一个高度工业化的国家，我国的碳排放量主要集中在电力行业和工业上。此外，运输行业的碳排放量也占很大比例，而农业、商业、公共服务业和其他行业的碳排放量则相对较低。就电力行业来说，作为一国经济的命脉，电力行业在人们的生活中占有不可或缺的地位。当前中国的电力供应结构仍以煤炭发电为主。2020 年燃煤发电量占我国总发电量的 63.2%。根据国际能源署（IEA）的最新数据，我国的电力和供热生产部门的碳排放量占化石能源碳排放总量的 50% 以上。从工业角度看，能源加工工业、钢铁工业和化学原料制造业不仅是煤炭消费的重点产业，而且还是二氧化碳排放的主要来源。除电力和热力生产行业外，其他工业部门贡献了近 30% 的化石能源碳排放量。此外，随着中国城市化进程的不断推进，交通运输业的能源消费量和碳排放量也呈现出显著的增长趋势。

地球上的能源最终来自太阳，地球吸收太阳能，是一个巨大的热能储存器。外太空是一个接近绝对零度的冷端（3～4 K），地球是一个热端，两者之间存在相当大的温差。利用"大气红外窗口"（8～13 μm），太阳能不停向地球输入热量，可使地球物体的向阳面和背面形成温差。同时，地球上的物体也可以通过大气窗口向太空以辐射的形式输出能量，亦可在物体面向太空的一侧与另一侧之间形成温差。其中，红外辐射通过大气窗口把地表的热能发射到寒冷的外太空，从而使地球上的物体冷却（如结霜）。红外辐射不消耗电力，在建筑物、车辆、太阳能电池甚至火力发电厂的冷却方面具有巨大的潜力。随着 21 世纪的能源形势和环境问题变得越来越严峻，探索辐射降温技术以节省能源消费，从而减轻城市的热岛效应，实现更高效的发电，进而使减缓甚至逆转全球变暖趋势成为可能。

辐射制冷是近年来发展起来的一种被动制冷方式。它可以不使用电能等其他能源将地球上物体的热量以热辐射的形式通过"大气窗口"传输到外太空，从而降低物体的温度。经过科研工作者几十年来对天然化合物、聚合物薄膜、色素涂料及气体等的研究，在辐射体性能的改善方面已经取得了巨大的进步。近年来，越来越多的研究人员开始关注白天的辐射冷却，并取得了突破性进展，如实现了全天 24 小时的辐射制冷与持续发电。虽然近年来红外辐射领域的研究非常活跃，目前国内外还没有红外辐射制冷方面的专著。读者如果需要全面系统地了解红外辐射领域的技术与发展，需要查阅大量的文献资料。这样不仅效率低、工作量大，还容易遗漏。

本书根据国内外最新的研究进展，分别从宏观角度和微观角度系统地介绍了红外辐射制冷技术的理论、技术及其应用情况。全书主要内容包括当前世界能源应用现状及辐射制冷技术的发展、研究及应用现状，辐射制冷技术的原理、不同辐射制冷材料研究与应用、辐射制冷器件的加工技术、辐射制冷技术与其他能源技术的综合应用，以及辐射制冷技术在未来能源技术应用研究中的发展前景等。本书结构清晰，内容深入浅出，可供各高等院校新能源及其相关专业的师生使用，也可作为新能源专业从业人员的参考用书，希望本书能够帮助读者快速、系统地了解红外辐射技术，并开展相关的学习和研究工作。

感谢国家自然科学基金(51776126)的资助。感谢一直关心与支持我们工作的各位领导、专家、老师与朋友们，感谢家人们给予的无私关爱与支持。

由于时间仓促，书中难免存在一些不足之处，望广大读者批评指正。

作　者

2021 年 10 月

重要符号列表

符 号	名 称	符 号	名 称
E_g	禁带宽度	B	磁感应强度
Φ	黏性耗散	U_H	霍尔电压
E_A	电子亲和能	R_H	霍尔系数
E_F	费米能级	m_0	电子质量
E_0	真空能级	ϕ_b	势垒高度
E_c	导带能级	C	比热容
E_v	价带能级	λ	波长
v_p	声子群速度	D	晶粒尺寸
ZT	热电优值	T_h	热端温度
S	赛贝克系数	T_c	冷端温度
σ	电导率	μ	载流子迁移率
κ	热导率	k_B	玻尔兹曼常数
κ_e	电子热导率	e	电子电荷量
κ_L	晶格热导率	L	洛伦兹常数
η	简约费米能级	l	载流子平均自由程
γ	散射因子	Λ	声子平均自由程
m^*	载流子有效质量	PF	功率因子

目　　录

1 绪 论

1.1 能源问题现状

地球上的万物生长取决于太阳的能量。从太阳持续获取能量使地球表面始终保持一定的温度。工业革命以来日益增加的人类活动导致的全球变暖及普遍的环境污染,已成为人类必须直接面对的事实。实际上,根据联合国的气候评估报告,到 2020 年,地球表面的温度和 100 年前相比已经升高了 1.09 ℃。2015 年根据将近 200 个缔约方通过的《巴黎协定》,国际社会同意将 21 世纪的全球平均气温上升幅度控制在比工业化前水平高 2 ℃ 以内,并将全球气温上升限制在 1.5 ℃ 的水平(以下简称 1.5 ℃ 目标)。根据 2015 年达成的巴黎气候协定,中国承诺其碳排放量将在 2030 年左右达到峰值,在 2060 年达到"碳中和",这意味着中国的净碳排放量在 2060 年将达到零,其他 60 多个国家也已经承诺到 2050 年实现碳中和。科学家们认为,必须在这一共识期限内实现碳中和,才有机会避免更严重的气候灾难。中国现在的碳排放量约占世界总量的 31%,到 2060 年实现碳中和,实际上就是要努力实现以 1.5 ℃ 目标为导向的长期深度脱碳转型路径(见图 1-1),应在 2050 年实现二氧化碳的净零排放以及全部温室气体在 2020 年的基数上减排 90%,才可为 2060 年实现碳中和奠定基础。

目前,城市以占全球 2% 的面积居住着超过全球总数 50% 以上的人口,消耗了占全球总量 2/3 的能源、排放了全球 70% 的温室气体。在我国,占总数 50% 的城市排放了占全国总量 80% 的二氧化碳。从我国现有政策和技术条件看,实现碳中和目标挑战巨大,必须坚持创新驱动发展战略,依靠科技提供系统解决方案,为城市低碳绿色转型增加动力,才能实现碳中和目标。我国一直以来高度重视城市的绿色、低碳、可持续发展,2010 年以来,先后启动了 3 批低碳省(区)和城市试点工作,目前已有 7 个低碳省(区)及 80 个低碳城市提出了碳排放达峰目标,承诺碳达峰平均年份为 2025 年。

人们一直期望能够找到无尽的能源供应。是否有可能获得一种技术,可以直接转换地球上普遍存在的,取之不尽、用之不竭的超低质量环境热量(温度差小于

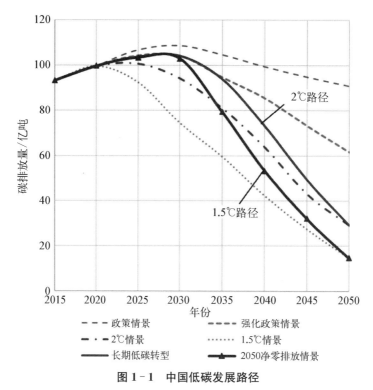

图 1-1　中国低碳发展路径

来源：《中国低碳发展战略与转型路径研究》，清华大学气候变化与可持续发展研究院

25℃)为电能，而无需借助额外的能源发电？合理利用该能源技术，并推广应用，将获得真正可持续的、环保的绿色能源，并完全摆脱对化石能源的依赖，从根本上解决碳排放问题。

1.2　辐射制冷技术

辐射制冷是近年来发展起来的一种被动制冷方式。可以不使用电能或其他能源而将地球上的物体的热量以热辐射的形式通过"大气窗口"传输到外太空，从而降低物体的温度。

辐射热传递是宇宙中最常见的能量传递形式。实际上，所有物体在有限的温度下都会发射电磁辐射。从热辐射的观点来看，外太空（外层空间）表现为一个温度接近绝对零度的黑体，如此低的温度使得宇宙成为最终的散热器。在当前空间工程应用中，辐射冷却是散热的主要方式；同样在地球上，地球与外太空之间的较大温差可潜在地用于冷却地球，地表物体通过向大气层发射热红外辐射到外太空使地球表面保持适宜居住的温度。辐射冷却是一个普遍存在的过程，所有形式的物质都会产生热辐射,根据 Stefan-Boltzmann 定律,物体的温度越高,其发射功率越强。某些物种会利用辐射冷却创造必要的生存条件,比如,撒哈拉银蚁利用辐射冷却使其能够忍受沙漠中的酷热天气。不同于将废热倾泻到周围环境(包括大气和地球上的水体)的常规冷却技术,辐射式天空冷却通过将过多的热量传递到外层空间且没有任何能量消耗,这使其具有提供无源冷却或取代热泵的可能性,将大大降低能源消耗,从而为近年来的全球变暖问题提供一种新的解决办法。然而,由于大气中水蒸气、臭氧、二氧化碳等气体的存在,阻碍了地球物体与外太空之间通过热辐射进行热交换。

地球的大气层是几种气体的混合物,主要成分是氮气、氧气、二氧化碳和水蒸气,它是一种能吸收、发射和散射辐射的半透明介质。大气的辐射特性与波长有很强的相关性。在晴朗的天空中,空气中的电磁辐射有一个透明窗口,其波长范围为 $8\sim13~\mu m$,即大气红外大气窗口。大气红外窗口是指地球大气的动态行为,允许一些红外辐射(热辐射波长与大气窗口一致)穿过大气而不被吸收,且不会加热大气。在典型环境温度下,该大气窗口与热辐射波长峰值重合。因此,如果能够满足适当的表面热辐射特性,并在适当的大气条件下,就有可能通过辐射将热量散发到外层空间。将这种技术用于制冷将大大降低能源消耗,根据具体的应用情况,能耗可以为零或者很小(仅为小型泵在运行时所消耗的能量)。辐射冷却技术的性能受到设备的物理特性以及周围环境的影响,因此,必须特别注意设备材料和环境条件。辐射冷却的关键要求是在大气窗口内选择性地发射辐射,并抑制该范围以外波长的辐射/吸收。红外辐射冷却不消耗电力,在建筑物、车辆、太阳能电池甚至火力发电厂的冷却方面具有巨大的潜力。

1.2.1　辐射制冷技术发展历程

由于辐射冷却的"免费"性质,人们早已认识到其重要性,并且辐射冷却的应用可以追溯到几个世纪前。最早采用辐射冷却可以追溯到古代伊朗的庭院建筑。但是直到 20 世纪 60 年代,才对辐射冷却现象进行了系统、科学的研究。辐射冷却的研究通常可以分为两类,以促进对这种现象的理解以及将该技术应用于实际应用。第一类研究基本原理,例如,探索辐射冷却表面的发射率特性、大气的光谱辐射率以及辐射冷却对波长、入射角和地理位置的依赖性。第二类重点研究专注寻找合适的新材料,利用材料的辐射特性,探索可针对不同应用场景的辐射冷却设计,例如住宅和商业建筑的冷却、太阳能电池的冷却、露水收集、室外个人热管理以及空调和发电厂冷凝器的补充冷却[1]。

从 20 世纪初开始,就有几位作者从事辐射冷却领域的研究。然而,目前所有的信息都分散在文献中,很难找到新的研究机会。虽然 Lu 等[2]发表了一篇辐射冷却的实用综述,但他们关注的是建筑物的被动辐射冷却,并没有包括关于这种现象和研究的材料,以及辐射冷却设备和模型的详细信息。在过去的几个世纪里,热带和亚热带地区在晴朗的夜晚进行辐射冷却,用于建筑冷却和冷冻海水淡化。早在 2 000 多年前的古伊朗和印度,即使环境温度高于冰点,也可在制冰盆地和 Yakh-Chal(即冰坑)中使用晴空辐射冷却来生产和储存冰[3]。1828 年,有学者第一次对这种现象进行了研究和科学解释[4]:在一个平静和晴朗的夜晚,把小块的草、棉花和被子放在室外,其温度比环境温度低了 6~8 ℃。1959 年,Head 首次提出使用选择性红外发射器来增强夜间的辐射冷却效果[5]。从那时起,研究人员开始了各种辐射器件研究设计,以增强辐射冷却现象及其在不同应用中的使用。

早期对辐射天空冷却的研究仅限于夜间(即夜间辐射冷却)。然而,白天辐射冷却潜力巨大,因为即使只有百分之几的太阳辐射吸收(太阳强度约为 1 000 W/m²)在白天也能平衡地输出辐射冷却功率(100~150 W/m²,取决于地表温度)。在 20 世纪七八十年代,人们对夜间辐射天冷材料和设备进行了非常活跃的研究。实验证明,在精密设备中,夜间表面冷却可达到低于环境温度 10~15 ℃。然而,辐射散热的低能量密度阻碍了这项技术的广泛应用。总的来说,在晴朗的天空条件下,辐射天空冷却平均可以提供 40~80 W/m² 的净冷却功率,这意味着为了提供有意义的冷却功率,需要较大的表面积,例如几千平方米或更大。在建筑应用中,对辐射天空冷却的大表面积的需求必然与高昂的安装和维护成本有关。由于很少有科学家活跃于这一技术领域,而且对各种不同的技术范围还没有很好地了解,因此辐射天空冷却领域的实际应用远远没有达到其潜力。迄今为止,最吸引人的辐射天空冷却应用是高反照率涂料,这种涂料不需要任何能源投入,仅需非常有限的维护就能节省非常可观的能源。

近几十年来,人们对夜间辐射冷却进行了广泛的研究,并成功地验证了其可行性。夜间辐射冷却器一般有两种设计。第一种方法通常由一个近黑体发射器组成,它几乎在整个热光谱范围内强烈地发射。在晴朗的天气下,热黑体发射器在接近环境温度的温度下可获得较高辐射热流(高达 120 W/m²)。但是,在大气窗口以外波长的辐射热吸收的反效应限制了可达到的最低温度(即在环境温度以下 6~8 ℃的范围内)。为了减少亚环境温度应用的不利热吸收,第二种方法是使用一个金镜(通常是铝或银)被一层薄薄的覆盖材料吸收/发射仅在大气窗口和透明 8~13 μm 以外的波长范围。反射镜反射不利的照射,而发射体部分通过大气窗口范围内的辐射将热能耗散到外层空间。第二种方法的应用包括聚合物薄膜、彩色涂料、金属氧化物和气片以及多层半导体和金属介电质光子和等离子体结构等,均被提出作为发射体的顶部部分。

不断入射的太阳辐射使得在白天实现辐射冷却更具挑战性。然而,由于几乎所有的太阳辐射都在大气窗口的波长范围内,一个选择性发射器反射短波长(2.5 μm以下)的热辐射,且在大气窗口内具有很高的发射率,那么就可以在白天实现冷却。为了实现这些性能,研究人员最初的尝试是在冷却器的顶部使用辐射罩。辐射罩反射太阳辐射,同时对大气窗口内的长波光线是透明的,从而使其下的散热层在白天向外太空散发热量。不同的研究者提出了由聚乙烯覆盖或掺杂 TiO_2、ZnS 和ZnO 制成的各类箔片。但由于不容易获得高的太阳反射率和高的红外透射率,因此,采用该方法的实验均未在阳光直射下达到亚环境温度。最近,斯坦福大学的一个研究小组发表了几篇论文,展示了利用纳米结构光子冷却器在阳光直射下能实现有效的辐射冷却。在他们的设计中,所需要的辐射剖面是通过将大气层窗口中对太阳辐射透明的一层顶层与一个可反射几乎所有入射太阳辐射的支撑背反射器相结合而产生的。其他研究人员也采用了类似的方法来实现白天的辐射冷却,另一个较为成功的例子,是利用嵌入微米大小介电球体的聚合物在银基板上作为反光板,制作了一个日间冷却结构,实现日间辐射冷却[6]。

最近几篇综述文章研究了晴空辐射冷却作为建筑被动冷却选择的应用和潜力。Nwaigwe 等[7]介绍了建筑物夜间降温的概况。他们研究了不同地区的夜间辐射冷却器的性能,并得出一些结论,对于大多数地区来说,在晴朗的夜晚,辐射冷却器有可能达到 40 W/m² 的冷却功率。Lu 等[8]对晴空辐射冷却在建筑中的应用进行了全面调查,并且对辐射冷却的结构、系统配置、满足建筑冷负荷的辐射冷却能力和局限性进行了讨论。Vall 和 Castell 在一篇综述文章中总结了辐射冷却理论、选择性发射器的应用、理论计算和冷却器原型的研究[9]。最近,Hossain、Gu 和Sun 等[10,11]回顾了辐射冷却器的基本原理、相关新材料和结构设计的进展。以往发表的关于晴空辐射冷却的综述论文的共同领域大多是辐射冷却在建筑中的应用。然而,晴空辐射冷却在被动地将低品位的热量从表面散发到外层空间方面的潜力,特别是在可再生能源发电系统方面的研究,这些文章并没有全面涵盖。文献[10,11]的目的是介绍冷却结构的最新状况,并强调该技术在可再生能源电力系统和建筑中的潜在应用。文献[11]着重于对晴空辐射冷却技术的详细报道,综述了有关面向天空的地面结构的辐射热平衡建模、大气和太阳辐射的测量和建模、白天和夜间辐射冷却的选择性发射器结构的分类、辐射冷却在建筑物中的应用以及可再生能源发电系统的改进潜力等方面的研究进展。此外,文献[11]还提出了一种数值分析,以确定在各种条件下关键的冷却性能指标和评估预期辐射冷却能力。

通过科学研究发现某些材料具有有限的选择性,特别是聚合物材料、二氧化钛、氮化硅和一氧化硅。理论上,SiO 材料冷却到低于环境温度 40 ℃是可能的,但在实验中的得到实际温差要小得多。虽然上面列出的天然材料可以增强辐射冷却,但是,要实现最优的辐射冷却需要在整个大气窗口具有高的辐射率而在大气窗口之外具有低的发射率。因此,没有一个简单的块状材料被报道能够提供这种理想的发射谱,最大的辐射冷却功率还只是理论计算得出的结果。

1.2.2 辐射制冷技术最新研究进展

随着基于光子设计原理的新型选择性红外(IR)发射器的出现,近年来对辐射冷却的研究兴趣大大增加。例如,最近的计算首次表明,在合理温度下,2D 纳米光子结构可以提供超过 100 W/m² 的冷却功率。在实验中,二氧化铪和硅的堆叠(7个双层周期)足以实现低于环境温度的冷却。最近科学研究集中在努力寻找最佳的冷却材料以实现夜间环境下的冷却。之前研究的大多数材料是散装材料或复合材料,其中有些材料应用于夜间制冷的效果是令人满意的,然而,在阳光直射下,特别是在日常环境下的日间辐射冷却直到最近才得到实现。纳米光子学的发展无疑是最近辐射冷却研究复苏的主要推动力。研究发现,在大气窗口内,使材料能够直接反射阳光并具有高的辐射率,可以通过对材料进行纳米结构设计来实现。与夜间冷却相比,实现白天辐射冷却的能力可在不同领域有更多的应用和研究机会。相关的工作已证明白天辐射冷却方法可以应用于太阳能电池,并在理论上实现有意义的温度降低。理论上,裸硅电池的温度在散射的阳光下可以达到 17.6 ℃ 的温差,在实际的实验中也可观察到 13 ℃ 冷却效果[12]。同样,尽管自热性较低,但基于砷化镓纳米线的光伏光电(PV)可能会经历 7 ℃ 的辐射冷却诱导温度下降,这将提高其在近地轨道上 2.6% 的绝对效率[13]。对于封装的商业太阳能电池板来说,覆盖玻璃(通常是钠钙玻璃)已经是一个效果不错的宽带辐射冷却器,尽管商业太阳能板通过辐射冷却只能实现 1~2 K 的降温,但它可以通过抑制热激活的降解而显著延长太阳能板的使用寿命。

过度发热将导致太阳能发电效率的巨大下降,可能使电池的性能降低超过50%[14]。因此,开发接近或完全被动的而不是主动的冷却策略,以保持整个系统的工作效率,并大幅降低工作温度,可提高发电设备的性能。在最好的情况下,这种额外的冷却功率可能会使太阳能电池在低于环境温度的条件下运行,从而有可能显著提高性能和可靠性。

考虑到辐射制冷上述的明显好处,应该考虑其他哪些系统可能从这种辐射冷却方法中受益。最吸引人的应用大概是将大量的自加热和对能源效率的显著需求结合起来。在这一组合中,固态电子产品尤其突出,因为它们可以在白天累积大量的户外辐射加热。聚光光电(CPV)和热光电(TPV)系统可能从这些方法中收获比标准光伏系统更大的好处,因为它们有更大的热通量[15]。

在本书中,我们将开发一个基于物理的建模框架来捕获在真实的辐射冷却系统中观察到的能量平衡。它将允许我们首先研究辐射冷却的理想情况,然后考虑各种基于真实材料的冷却结构,如低铁钠钙玻璃材料等,其中许多结构利用了纳米光子设计原则。在本书第 5 章,我们将展示增加辐射冷却元件面积的好处,并给出了一个合适的散热装置,它甚至可以促进环境温度下的冷却。本书还讨论了辐射冷却的一系列具体应用,包括太阳能 PV、CPV、TPV、整流天线、红外探测器以及其他温度敏感电子设备。

近年来,越来越多的工程技术人员和科研人员开始关注辐射制冷技术,这为辐射制冷技术的研究提供了源源不断的生命力,促进了相关技术不断进步,相信不久的将来,就能看到越来越多红外辐射制冷技术的市场应用。

参 考 文 献

[1] Zeyghami M, Goswami D Y, Stefanakos E. A review of clear sky radiative cooling developments and applications in renewable power systems and passive building cooling[J]. Solar Energy Materials and Solar Cells, 2018, 178: 115 - 128.

[2] Lu S M, Wen-Jyh Y. Development and experimental validation of a full-scale solar desiccant enhanced radiative cooling system[J]. Renewable energy, 1995, 6(7): 821 - 827.

[3] Bainbridge D A, Haggard K. Passive solar architecture: heating, cooling, ventilation, daylighting and more using natural flows[M]. Vermont USA: Chelsea Green Publishing, 2011.

[4] Eriksson T S, Granqvist C G. Radiative cooling computed for model atmospheres[J]. Appl Opt, 1982, 21(23): 4381 - 4388.

[5] Head A K. Method and means for producing refrigeration by selective radiation: US, 3043112[P/OL]1960 - 01 - 12[1962 - 07 - 10].http://www.freepatentsonline.com/3043112.

[6] Zhai Y, Ma Y, David S N, et al. Scalable-manufactured randomized glass-polymer hybrid metamaterial for daytime radiative cooling[J]. Science, 2017, 355(6329): 1062 - 1066.

[7] Nwaigwe K N, Okoronkwo C A, Ogueke N V, et al. Review of nocturnal cooling systems [J]. International Journal of Energy for A Clean Environment, 2010, 11(1 - 4): 117 - 143.

[8] Lu X, Peng X, Wang H L, et al. Cooling potential and applications prospects of passive radiative cooling in buildings: The current state-of-the-art[J]. Renewable and Sustainable Energy Reviews, 2016, 65: 1079 - 1097.

[9] Vall S, Castell A. Radiative cooling as low-grade energy source: A literature review[J]. Renewable and Sustainable Energy Reviews, 2017, 77: 803 - 820.

[10] Hossain M M, Gu M. Radiative cooling: principles, progress, and potentials[J]. Advanced Science, 2016, 3(7): 1500360.

[11] Sun X S, Sun Y B, Zhou Z G, et al. Radiative sky cooling: Fundamental physics, materials, structures, and applications[J]. Nanophotonics, 2017, 6(5): 997 - 1015.

[12] Zhu L X, Raman A, Wang K, et al. Radiative cooling of solar cells[J]. Optica, 2014,

1(1)：32 – 38.

[13] Safi T S, Munday J N. Improving photovoltaic performance through radiative cooling in both terrestrial and extraterrestrial environments[J]. Optics Express, 2015, 23(19)：A1120.

[14] Francoeur M, Vaillon R, Menguc M P. Performance analysis of nanoscale-gap thermophotovoltaic energy conversion devices[C]//TMNN – 2010. Proceedings of the International Symposium on Thermal and Materials Nanoscience and Nanotechnology. Antalya, Turkey：2011.

[15] Sun X S, Sun Y B, Zhou Z G, et al. Radiative sky cooling: fundamental physics, materials, structures, and applications[J]. Nanophotonics, 2017, 6(5)：997 – 1015.

2 辐射制冷理论基础

本章详细介绍了传热学基础和辐射冷却的基本原理,包括对热辐射、红外天空辐射、太阳辐射和寄生冷却损失问题的数学和物理描述;比较了基于不同大气辐射特性假设的三种经典的天空红外辐射观点。此外,详细讨论了寄生冷却损失的通用数学描述及其物理局限性,还简要介绍了选择性辐射体的工作原理及辐射体制冷性能的指标。

2.1 传热学基础

经典热力学研究系统在平衡态之间的质量、能量和熵的变化,并在给定过程中建立所需终态的平衡方程。例如,我们已经知道,热能量的自发转移只能由较高的温度转移到较低的温度。在热力学中,热相互作用定义为两个系统之间在相互界面处的能量传递。热传递是一门学科,它将热力学原理扩展到因温差而发生的具体的能量传递过程。传热现象在我们的日常生活中是普遍存在的,并在许多工业、环境和生物过程中发挥重要作用,如能量转换和储存、发电、燃烧过程、热交换器、建筑温度调节、保温、制冷、微电子冷却、材料加工与制造、全球热预算、农业、食品工业和生物系统等。一方面,基于局部平衡假设,传热分析可以得出给定物体几何结构、材料、初始温度和边界条件下的传热速率及温度分布(稳态或瞬态)。另一方面,热设计可以决定器件必要的几何结构和使用材料,以满足特定任务并达到最佳性能,如通过热设计使热交换器达到最佳性能。

热传导是指在一个固定的(从宏观上看)介质中的热量传递,这种介质可以是固体、液体或气体。当传热涉及流体运动时,我们称之为对流传热或热对流[1]。能量也可以通过电磁波的发射和吸收在物体之间进行传递,而不需要任何介质的介入,这就是所谓的热辐射,比如来自太阳的辐射。

2.1.1 热传导

在一个固定介质中,如果介质未处于热平衡状态,就会发生传热现象。局部平衡的假设允许我们确定每个位置的温度。傅里叶定律表明,热流密度(或单位面积上的传热率) q'' 与温度梯度 ∇T 成正比,即

$$q'' = -\kappa \nabla T \tag{2-1}$$

其中, κ 称为热导率,又称导热系数,它是材料的性质,取决于温度。注意 q'' 是一个矢量,它的方向总是垂直于等温线,与温度梯度相反。在各向异性的介质中,如薄膜或细金属丝,导热系数取决于测量的方向。

利用能量平衡进行控制量分析,得到了均匀各向同性介质中瞬态温度分布的微分方程:

$$\nabla \cdot (\kappa \nabla T) + \dot{q} = \rho c_p \frac{\partial T}{\partial t} \tag{2-2}$$

其中, $\nabla \cdot$ 为散度算子, $\dot{q}$ 是容积热能生成率, c_p 可以视为定压热容。式(2-2)称为热扩散方程或热方程。注意,热能产生的概念与熵产生的概念有很大的不同。热能产生是指将其他类型的能量(如电能、化学能、核能)转化为系统的内能,而系统总能量始终保持不变。熵不需要守恒,熵产生是指不可逆过程中熵的产生。如果没有热能产生,可以假设导热系数不受温度的影响,式(2-2)在稳态时可简化为: $\nabla^2 T = 0$,在笛卡尔坐标系中, $\nabla^2 T = \frac{\partial^2 T}{\partial^2 x^2} + \frac{\partial^2 T}{\partial^2 y^2} + \frac{\partial^2 T}{\partial^2 z^2}$ 。在给定初始温度分布和边界条件的情况下,可以对简单的热传导情况进行解析求解,对较复杂的几何形状以及初始和边界条件进行数值求解。典型的边界条件包括恒定温度、恒定热流、对流、辐射等。

一般来说,高电导率的金属和一些结晶固体具有很高的导热系数,为 $100 \sim 1\,000$ W/(m·K);低电导率的合金和金属的导热系数略低,为 $10 \sim 100$ W/(m·K);水、土壤、玻璃和岩石的导热系数为 $0.5 \sim 5$ W/(m·K);保温材料通常有一个与 0.1 W/(m·K)相同数量级的导热系数;气体的导热系数最低,例如,空气的导热系数在 300 K 时为 0.026 W/(m·K)。**注意**:通常导热系数对温度存在依赖关系。在室温下,钻石的导热系数是所有天然材料中最高的,为 $2\,300$ W/(m·K)。已有研究证明,单壁碳纳米管在室温下可以有更高的导热系数。

接触电阻在微电子热管理和低温传热中起着重要的作用。由于不完全接触(如表面粗糙),也可能存在较大的热阻,其结果是界面之间存在很大的温差。接触电阻的数值取决于表面条件、相邻材料和接触压力等。在某些情况下,可以应用界面流体和填充材料来减少接触阻力。但即使是完全接触,由于声子失配,不同材料之间也存在热阻,这在低温情况下尤为明显。

2.1.2 热对流

热对流又称对流传热,是指流体相对固体进行体运动时,在边界附近发生从固

体到流体的换热行为。宏观上平流的体运动与微观上流体分子的随机运动(即扩散)的结合是对流传热的关键。流体流过加热平板的速度和温度分布如图2-1所示。在近边界处形成流体动力边界层或速度边界层,流体在边界层外以自由流速运动。同样,热边界层在存在温度梯度的平板表面附近发展。当流速不是很高,流体密度不是很低时,流体的平均流速为零,流体的温度等于壁面附近的壁面温度。对于牛顿流体,应力分量和速度梯度之间存在线性关系,许多常见的流体,如空气、水和油属于这一类。该类流体中的剪切应力为

$$\tau_{yx} = -\mu \frac{\partial v_x}{\partial y} \tag{2-3}$$

式中,μ 为黏度,v_x 是速度在 x 方向的速度分量。式(2-3)在边界 $y=0$ 处取值时,给出了壁面对流体施加的单位面积力,可用于计算流体力学中的摩擦系数。

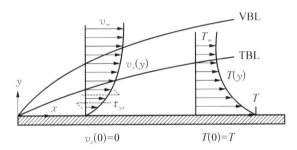

图2-1 速度边界层(VBL)和热边界层(TBL)图示

将傅里叶定律应用于边界处的流体,可以预测固体与流体之间的热流密度:

$$q''_w = -\kappa \frac{\partial T}{\partial y}\bigg|_{y=0} \tag{2-4}$$

式中,κ 为流体的导热系数,T 为温度。由式(2-4)可知,热对流和热传导的基本换热机理相同,都是由热扩散引起的,受同一方程支配。然而,如果没有体块运动,边界处的温度梯度会较小。因此,平流一般会增加传热速率。牛顿冷却定律是描述热对流的现象学方程,它表明对流热流密度与温差成正比:

$$q''_w = h(T_w - T_\infty) \tag{2-5}$$

其中,h 称为对流换热系数或对流系数。T_w 为平板表面温度,T_∞ 为流体温度。由式(2-4)和式(2-5)可知:

$$h = \frac{-\kappa}{T_w - T_\infty} \frac{\partial T}{\partial y}\bigg|_{y=0} \tag{2-6}$$

虽然 h 的值取决于传热表面的位置,但在换热计算中通常使用平均对流系数。

平均对流系数取决于流体的导热系数、速度和流动条件(层流或湍流、内部或外部流动、强制对流或自由对流)。对流也会伴随着相变而发生,如沸腾,这通常会引起剧烈的流体运动和强化传热。对流关系式在大多数传热教科书中被推荐用于确定对流系数。对于长度为 L、具有自由流速 v_∞ 的平板层流,平均努塞特数 $\overline{Nu}$ 与 $x = L$ 时的雷诺数 Re 和普朗特数 Pr 的关系式为

$$\overline{Nu}_L = \frac{\overline{h_L}}{\kappa} = 0.664\, Re_L^{1/2} Pr^{1/3}, Pr_L > 0.6,\ Re_L < 5 \times 10^5 \qquad (2-7)$$

雷诺数定义为 $Re_L = \rho v_\infty L / \mu$,是流体动力学研究的关键。普朗特数 $Pr = \nu/\alpha$,是运动黏度 $\nu\,(\nu = \mu/\rho)$ 与热扩散率 α 的比值,流体的热扩散率公式为 $\alpha = \kappa/(\rho c_p)$。要详细了解流体流动和对流传热,需要求解守恒方程,如下所示。

连续性方程或质量守恒的微分形式:

$$\frac{D\rho}{Dt} + \rho\, \nabla \cdot \boldsymbol{v} = 0 \qquad (2-8)$$

其中,$D/Dt = (\partial/\partial t + \boldsymbol{v} \cdot \nabla)$,称为实质导数或物质导数。注意,对于不可压缩流体,连续性方程可简化为 $\nabla \cdot \boldsymbol{v} = 0$。

利用牛顿流体的黏度系数与黏度之间的纳维-斯托克斯假设,描述动量守恒的纳维-斯托克斯方程可以表示为

$$\frac{D\boldsymbol{v}}{Dt} = -\frac{\nabla P}{\rho} + \boldsymbol{a} + v\, \nabla^2 \boldsymbol{v} + \frac{v}{3}\, \nabla(\nabla \cdot \boldsymbol{v}) \qquad (2-9)$$

其中,$\boldsymbol{a}$ 为施加在流体上的单位质量的力,即加速度矢量。

运动流体在不产生热能的情况下,导热系数恒定时的能量方程可以表示为

$$\rho\, \frac{DU}{Dt} = \kappa\, \nabla^2 T - P\, \nabla \cdot \boldsymbol{v} + u\Phi \qquad (2-10a)$$

其中,u 为比内能 $(du = c_V dT)$,Φ 为黏性耗散:

$$\Phi = 2\left[\left(\frac{\partial v_x}{\partial x}\right)^2 + \left(\frac{\partial v_y}{\partial y}\right)^2 + \left(\frac{\partial v_z}{\partial z}\right)^2\right] + \left(\frac{\partial v_x}{\partial y} + \frac{\partial v_y}{\partial x}\right)^2 +$$

$$\left(\frac{\partial v_y}{\partial z} + \frac{\partial v_z}{\partial y}\right)^2 + \left(\frac{\partial v_z}{\partial x} + \frac{\partial v_x}{\partial z}\right)^2 - \frac{2}{3}\,(\nabla \cdot \boldsymbol{v})^2 \qquad (2-10b)$$

在笛卡尔坐标系中,式(2-8)到式(2-10)通常根据特定条件进行简化,使用计算流体动力学仿真软件进行解析或数值求解。

2.1.3 热辐射

热辐射是指在 $100 \sim 1\,000\ \mu m$ 的宽波长范围内的电磁辐射。它包括部分紫外

光区、整个可见光区(400~760 nm)和红外光区。单色辐射是指单一波长(或非常窄的光谱波段)的辐射,如激光和一些原子发射线。热源,如太阳、烘箱或黑体腔发出的辐射,其光谱区域较宽,可视为单色辐射的光谱积分。与热传导或热对流不同,辐射能以电磁波的形式传播,不需要中间介质。无论电磁波的波长是多少,它在真空中的传播速度都等于光速。辐射也可以看作是粒子的集合,这些粒子称为光子,其能量与辐射的频率成正比。

光谱强度或光谱辐亮度定义为在一个单位立体角、一个单位投影面积和一个单位波长间隔内接收的辐射功率,即

$$I_\lambda(\lambda, \theta, \phi) = \frac{\mathrm{d}\dot{Q}}{\mathrm{d}A\cos\theta\mathrm{d}\Omega\mathrm{d}\lambda} \tag{2-11}$$

其中,(θ, ϕ) 表示相对于表面法线的测量传播方向,$\mathrm{d}A\cos\theta$ 为投影面积,$\mathrm{d}\Omega$ 为单元立体角。用球坐标系来描述光谱辐亮度和辐射功率之间的关系很方便,如图 2-2 所示,其中曲面法线方向沿 z 轴方向的单元面积 $\mathrm{d}A$ 放置在原点处,则 $r = (x^2 + y^2 + z^2)^{1/2}$,$\theta = \arccos(z/r)$,$\phi = \arctan(y/x)$。立体角定义为 $\mathrm{d}\Omega = \mathrm{d}A_n/r^2$,表示为 $\mathrm{d}\Omega = (r\mathrm{d}\theta)(r\sin\theta\mathrm{d}\phi)/r^2 = \sin\theta\mathrm{d}\theta\mathrm{d}\phi$。

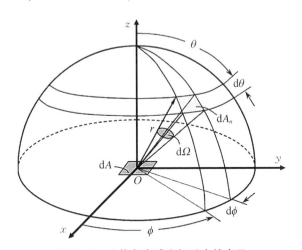

图 2-2 立体角在球坐标系中的表示

对式(2-11)积分得到 $\mathrm{d}A$ 表面到上半球的光谱热通量为

$$q_\lambda''(\lambda) = \int_0^{2\pi}\int_0^{\pi/2} I_\lambda(\lambda, \theta, \phi)\cos\theta\sin\theta\mathrm{d}\theta\mathrm{d}\phi \tag{2-12}$$

其总热流等于所有波长的热流总和,即

$$q_{\mathrm{rad}}'' = \int_0^\infty q_\lambda''(\lambda)\mathrm{d}\lambda \tag{2-13}$$

我们也可以把总强度定义为所有波长的光谱强度的积分，即 $I(\theta, \phi) = \int_0^\infty I(\lambda, \theta, \phi)\mathrm{d}\lambda$。总热流和总强度之间存在类似式（2-12）的关系式。如果辐射从一个表面发射，辐射热流 q''_{rad} 称为（半球）发射功率。当各方向强度相同时，称该表面为漫辐射表面，可对式（2-12）积分得到关系式 $q''_\lambda = \pi I_\lambda(\lambda, \theta, \phi)$，同样可以得到 $q'' = \pi I$。

在给定的温度下，能发出的最大功率的热源是黑体。黑体是一种理想的表面，它吸收所有入射的辐射，并发出最大的辐射功率。等温空腔内的辐射表现得类似黑体辐射。在实际应用中，黑体空腔是在等温空腔器壁上用小孔模拟形成的。黑体的发射功率由斯蒂芬-玻尔兹曼（Stefan-Boltzmann）定律给出，正比于绝对温度的四次方，即：

$$e_b(T) = \pi I_b(T) = \sigma_{\mathrm{SB}} T^4 \tag{2-14}$$

其中，$\sigma_{\mathrm{SB}} = 5.67 \times 10^{-8}\ \mathrm{W/(m^2 \cdot K^4)}$，是斯蒂芬-玻尔兹曼常数。黑体也是一个扩散发射器，也就是说，它的强度与方向无关。黑体发射的光谱分布由普朗克定律描述，下面给出光谱强度关于温度和波长的函数：

$$I_{b,\lambda}(\lambda, T) = \frac{e_{b,\lambda}(\lambda, T)}{\pi} = \frac{2hc^2}{\lambda^5(\mathrm{e}^{hc/k_{\mathrm{B}}\lambda T} - 1)} \tag{2-15}$$

其中，h 是普朗克常数，c 是光速，k_{B} 是玻尔兹曼常数。

真实材料的发射功率与黑体的发射功率之比定义了（全半球面）电磁辐射率，$\varepsilon(T) = e(T)/\sigma_{\mathrm{SB}} T^4$。光谱定向发射率定义为表面发射光谱强度 $I_{b,\lambda}$，即 $\varepsilon'_\lambda(\lambda, \theta, \phi, T) = \pi I_\lambda(\lambda, \theta, \phi, T)/e_{b,\lambda}(\lambda, T)$。

由 $e(T) = \int_0^\infty \mathrm{d}\lambda \int_0^{2\pi} \int_0^{\pi/2} I_\lambda(\lambda, \theta, \phi, T)\cos\theta\sin\theta\mathrm{d}\theta\mathrm{d}\phi$，得

$$\varepsilon(T) = \frac{\pi}{\sigma T^4} \int_0^\infty e_{b,\lambda}(\lambda, T)\mathrm{d}\lambda \left[\int_0^{2\pi} \int_0^{\pi/2} \varepsilon'_\lambda(\lambda, \theta, \phi, T)\cos\theta\sin\theta\mathrm{d}\theta\mathrm{d}\phi \right]$$

$$\tag{2-16}$$

该方程表明，全半球面发射率与频谱方向发射率之间的关系是相当复杂的。对于灰色表面，光谱发射率不是波长的函数；对于漫射表面，其表面发射的光谱强度与方向无关。对于一个扩散灰色表面，公式（2-16）可简化为一个简单的形式，即 $\varepsilon = \varepsilon'_\lambda$，因为发射率与波长和方向无关。

与黑体相反，真实物质反射辐射。例如，镜子的表面可能发生镜面反射，对于粗糙的表面可能发生漫反射。一些窗玻璃材料和薄膜是半透明的，对于这些材料来说，入射电磁波的波长、入射角度和偏振状态对反射和透射有很大的影响。材

料的吸收率、反射率和透射率可以定义为吸收辐射、反射辐射和透射辐射的比例。光谱方向吸收率、光谱方向半球面反射率和光谱方向半球面透射率的关系为

$$A'_\lambda + R'_\lambda + T'_\lambda = 1 \qquad (2-17)$$

对于不透明材料,透射率 $T'_\lambda = 0$,我们经常使用吸收率为 A'_λ、反射率为 R'_λ 的不透明材料,因此,$A'_\lambda + R'_\lambda = 1$。

基尔霍夫定律表明,谱向发射率(ε)总是与谱向吸收率(α)相同。对于漫反射表面,ε = α;然而对于非漫反射表面,通常 ε ≠ α。 只有当漫反射表面与环境处于热平衡状态时:ε = α。

大气中的气体辐射,吸收和散射对大气辐射特性影响很大。当热辐射穿过大气或云层时,一些能量可能会被吸收,吸收光子提高了单个气体分子的能量水平。在足够高的温度下,气体分子可能会自发地降低它们的能级并释放光子。这些能级间的变化称为辐射跃迁,包括束缚跃迁(非游离分子状态之间)、无束缚跃迁(非游离和游离分子状态之间)和自由-自由跃迁(游离分子状态之间)。束缚和无束缚跃迁通常发生在非常高的温度(大于 5 000 K)下,如在紫外区和可见光区发射。辐射换热中最重要的跃迁是振动能级间跃迁结合转动能级跃迁的束缚跃迁。光子的能量(或频率)必须与两个能级之间的能量差完全相同,这样光子才能被吸收或发射;因此,能级的量子化导致了吸收和发射的离散谱线。转动谱线叠加在振动谱线上,得到一组紧密间隔的谱线,称为振动-转动谱。

粒子能散射电磁波或光子,导致电磁波传播方向的改变。20 世纪初,Gustav Mie 提出了球面粒子对电磁波散射的麦克斯韦方程组的解,称为 Mie 散射理论,该理论可用于预测散射相位函数。当颗粒尺寸与波长相比较小时,Mie 公式简化为瑞利之前得到的简单表达式,这种状况被称为瑞利散射,即散射效率与波长的四次方成反比。这种光线被小粒子散射时的波长依赖特性有助于解释为什么天空是蓝色的,为什么太阳在日落时呈现红色。对于直径远大于波长的球体,则可以依据几何光学中的镜面反射或漫反射的原理来研究。

2.2 辐射制冷机理

2.2.1 基本理论

1) 电磁波的产生

微观带电体运动状态的改变伴随着能量子的吸收和辐射,这些能量子称为光子或电磁波。这些光子的不同能量代表着电磁波的不同频率或者波长。电磁波的

波长范围很广,根据不同的波长范围可以将电磁波分为宇宙射线、γ射线、X射线、紫外线、可见光、红外线、无线电波等,这些不同波段的电磁波组成了电磁波谱。

根据现代电磁理论,不同波段的电磁波具有不同的产生原因。比如,γ射线是由于原子核裂变产生的,X射线是由原子内层电子的跃迁产生的,原子外层电子的跃迁可以产生紫外线和可见光,分子或原子的振动与转动则产生了红外线,而微波或无线电波则是由电磁振荡产生。爱因斯坦根据普朗克的能级量子化理论提出并预言了量子跃迁和感生辐射现象,提出了如下三种跃迁机制。

(1)受激吸收跃迁:处于低能级的原子吸收一个具有一定能量的光子后跃迁到更高一级能级。吸收的光子数量越多,则吸收的辐射能量越多。

(2)自发跃迁辐射:处于高能级的原子处于能量不稳定状态,它能够自发地从高能级跃迁至低能级,同时辐射出一个具有一定能量的光子。

(3)感生跃迁辐射:处于辐射场中高能级的原子在一定能量的光子的诱导作用下,能够从高能级跃迁到低能级,同时辐射出具有一定能量的光子,且辐射出的光子能量和传播方向与诱导光子完全相同,同时诱导光子也不被吸收,仍然按照原来的运动方向进行传播[2]。

2)电磁波的传输特性

电磁波在介质中以直线传播形式进行传输,电磁波中的电场矢量、磁场矢量及波矢三者相互垂直,因此电磁波是一种横波。而电磁波的波矢可以表示为

$$k = a + \mathrm{i}b \quad (2-18)$$

则角频率为 ω 的单色平面电磁波的电场强度 E 和磁场强度 H 可表示为

$$E = E_0 \exp(\mathrm{i}a \cdot r - \mathrm{i}\omega t) \exp(-b \cdot r) \quad (2-19)$$

$$H = H_0 \exp(\mathrm{i}a \cdot r - \mathrm{i}\omega t) \exp(-b \cdot r) \quad (2-20)$$

其中,r 为空间矢径,t 为时间。因此,电场和磁场的振幅是随着 b 和 r 按指数形式进行衰减。电磁波在介质中传播的过程中其辐射强度与传播距离的变化关系为

$$W = W_0 \cdot \mathrm{e}^{-\tau d} \quad (2-21)$$

其中,τ 为电磁波在介质中的吸收系数。而吸收系数 τ 与介质的消光系数 k 相关,其关系可表示为

$$\tau = \frac{2\omega k}{c_0} = \frac{2k}{c_0} \cdot \frac{2\pi}{T_0} = \frac{4\pi k}{\lambda_0} \quad (2-22)$$

其中,c_0 为真空中的光速,λ_0 为真空中电磁波的波长,T_0 为真空中电磁波的周期。

麦克斯韦方程组在电磁波传输介质中的表达式为

$$k \cdot D = \varepsilon_0 \varepsilon k \cdot E = 0 \qquad (2-23)$$

$$k \cdot B = \varepsilon_0 \varepsilon k \cdot H = 0 \qquad (2-24)$$

$$k \times E = \omega B = \omega \mu_0 \mu H \qquad (2-25)$$

$$k \times H = \omega D = -\omega \varepsilon_0 \varepsilon E \qquad (2-26)$$

其中，D 为介质中的电位移矢量，E 为介质中的电场强度，H 为介质中的磁场强度，B 为介质中的磁感应强度，ε 为介质的介电常数，ε_0 为真空的介电常数，μ 为介质的磁导率，μ_0 为真空的磁导率[2]。

利用麦克斯韦方程组可得电磁波的波矢 k：

$$k \cdot k = \omega^2 \mu_0 \mu \varepsilon_0 \varepsilon \qquad (2-27)$$

真空中的光速为 $c_0 = \dfrac{1}{\sqrt{\mu_0 \varepsilon_0}}$，则式(2-27)可改写为

$$k \cdot k = \frac{\omega^2 \mu \varepsilon}{c_0^2} \qquad (2-28)$$

我们讨论的介质材料主要为非铁磁性材料，则 $\mu \approx 1$，因此得

$$k \cdot k = \frac{\omega^2 \varepsilon}{c_0^2} \qquad (2-29)$$

对于式(2-29)的解，根据电磁波在介质中的传输情况，可以分为两种情况：一种情况是电磁波在介质中无衰减的情形，另一种是电磁波在介质中存在衰减的情形。

对于电磁波在介质中无衰减的情形，波矢 k 及介质的介电常数 ε 为实数，则得到式(2-29)的解为

$$| k | = k = \frac{\omega \sqrt{\varepsilon}}{c_0} \qquad (2-30)$$

由电磁波的波矢定义，得

$$k = \frac{2\pi}{\lambda} = \frac{2\pi}{T_0 v} = \frac{\omega}{v} \qquad (2-31)$$

从而得到电磁波在介质中的传播速率：

$$v = \frac{\omega}{k} = \frac{c_0}{\sqrt{\varepsilon}} \qquad (2-32)$$

又由折射率的定义：

$$\bar{n} = \frac{c_0}{v} \qquad (2-33)$$

则可得

$$\bar{n} = \sqrt{\varepsilon} \qquad (2-34)$$

对于电磁波在介质中存在衰减的情形,电磁波波矢 $\boldsymbol{k}$ 为复数,则

$$c_0^2(|\boldsymbol{a}|^2 - |\boldsymbol{b}|^2 + \mathrm{i}2\boldsymbol{a} \cdot \boldsymbol{b}) = \omega^2\varepsilon \qquad (2-35)$$

当介质的介电常数 ε 为实数,$\boldsymbol{a} \cdot \boldsymbol{b} = 0$,这时候等相位面与等振幅面相互垂直,振幅有一定的衰减。但是由于介质的介电常数 ε 为实数,其虚部为零,因此,电磁波在介质中传播时没有能量损耗。

当介质的介电常数 ε 为复数,即 $\varepsilon = \varepsilon_r + \mathrm{i}\varepsilon_i$,其中 ε_r 为实部,ε_i 为虚部。则波矢一定也是复数,则方程(2-35)可分解为

$$c_0^2(|\boldsymbol{a}|^2 - |\boldsymbol{b}|^2) = \omega^2\varepsilon_r \qquad (2-36)$$

$$c_0^2 2\boldsymbol{a} \cdot \boldsymbol{b} = \omega^2\varepsilon_i \qquad (2-37)$$

为了便于计算,引入复折射率:$n = \bar{n} + \mathrm{i}k$,其中实部 $\bar{n}$ 为介质通常意义上的折射率,虚部 k 为消光系数,它们与复波矢的关系为

$$\bar{n} = |\boldsymbol{a}| \frac{c_0}{\omega} \qquad (2-38)$$

$$k = |\boldsymbol{b}| \frac{c_0}{\omega} \qquad (2-39)$$

将式(2-38)和式(2-39)代入式(2-36)得

$$\bar{n}^2 - k^2 = \varepsilon_r \qquad (2-40)$$

$$2\bar{n}k = \varepsilon_i \qquad (2-41)$$

则可得

$$\varepsilon = \bar{n}^2 - k^2 + 2\bar{n}k\mathrm{i} \qquad (2-42)$$

$$|\varepsilon| = \sqrt{\varepsilon_r^2 + \varepsilon_i^2} = \bar{n}^2 + k^2 = n^2 \qquad (2-43)$$

所以

$$n = \sqrt{\varepsilon} \qquad (2-44)$$

3) 电磁波与物质的相互作用

电磁波与物质的相互作用是通过电磁场与物质进行相互作用的,不同材料表现出来的热辐射特性是由材料内部的带电粒子在外界电磁场的作用下其运动

状态的变化引起。材料内部的微粒在其平衡位置附近按照一定的频率做周期性振动,在外部电磁场的作用下,微粒的振动状态发生变化,这些振动的变化伴随着能量的吸收和释放,宏观上就表现为热辐射特性。材料内部的带电粒子在外部电磁场的作用下,正负电荷偏离原来的位置,形成电偶极矩,产生极化。形成电偶极矩是物质与热辐射电磁波产生相互作用的条件之一。电磁波是一种横波,只有当物质内部微粒的振动表现为横波时,物质才有可能与外界的辐射电磁波产生相互作用。另外,当外界电磁波与微粒振动的频率和初相位相同时,两者之间的耦合作用最强,物质与外界通过电磁辐射进行能量交换的作用也越强。红外辐射是由于组成物质的原子或分子的振动和转动引起的,因此物质通过热辐射进行的热传递实际是通过红外电磁波与分子或原子的振动或转动的相互作用来完成的。

根据相关文献资料[3],依据洛伦兹色散理论,将热辐射电磁波与介质之间的相互作用近似看作阻尼简谐振动,得到介电系数和折射率之间的色散关系为

$$\varepsilon_r(\omega) = 1 + \frac{\omega_P^2(\omega_0^2 - \omega^2)}{(\omega_0^2 - \omega^2)^2 + \gamma^2\omega^2} \tag{2-45}$$

$$\varepsilon_i(\omega) = \frac{\omega_P^2\gamma\omega}{(\omega_0^2 - \omega^2)^2 + \gamma^2\omega^2} \tag{2-46}$$

$$\omega_P^2 = \frac{Ne^{*2}}{m\varepsilon_0} \tag{2-47}$$

$$n^2(\omega) - k^2(\omega) = \varepsilon_r(\omega) \tag{2-48}$$

$$2n(\omega)k(\omega) = \varepsilon_i(\omega) \tag{2-49}$$

其中,ω_0 为介质的固有频率,ω 为入射热辐射电磁波的频率,γ 为阻尼系数,ω_P 为介质材料的一个特征频率,e^* 为谐振子的有效电荷,N 为介质单位体积中谐振子的个数,$\varepsilon_r(\omega)$ 为复介电系数的实部,$\varepsilon_i(\omega)$ 为复介电系数的虚部,n 为材料的折射率,k 为材料的消光系数。

复介电系数的虚部代表着介质对电磁波的吸收,从式(2-45)可以看出,当入射热辐射电磁波的频率等于介质的固有频率时,介质材料对热辐射电磁波的吸收达到最大;当入射的热辐射电磁波的频率偏离介质材料的固有频率,材料对热辐射电磁波的吸收减弱,直到接近于零。

综上所述,电磁波与物质之间的相互作用主要是电磁波与物质内的微粒(电子、离子、原子、分子等)振动之间的耦合作用,通过这种耦合作用进行能量的吸收或释放。

4）热辐射

热辐射是指物体在自身温度的作用下向外辐射电磁波的现象，它是热传递的方式之一。理论上，只要物体的温度高于绝对零度就能向外界进行热辐射，而且温度越高，热辐射的能量越强。由于热辐射是以电磁辐射的形式进行的，因此热辐射是热传递方式中唯一一个可以在真空条件下进行的热传递方式。地球上大多数的物体热辐射出的电磁波主要集中在红外波段，因此热辐射通常也称为红外辐射。

自然界的任何物体都在不断地与外界通过热辐射进行能量交换。物体在向外界不停地进行辐射的同时，也在不断地吸收、反射或透射外界的辐射。物体对辐射电磁波的吸收率、反射率和透射率之间的关系可以表示为

$$A + R + T = 1 \qquad (2-50)$$

其中，A 为物体的吸收率，R 为物体的反射率，T 为物体的透射率。

对于不透光的物体，其透射率 $T = 0$，则有

$$A + R = 1 \qquad (2-51)$$

为了更好地表述热辐射现象，定义吸收率 $A = 1$ 的物体为黑体，黑体是一种理想物体，能够吸收外来的所有电磁波，且不会产生任何的反射和透射。同时，定义某物体的发射率为在同一温度下该物体的辐射能力与黑体的辐射能力的比值。从其定义可知，任何实际物体的发射率均小于 1。根据斯蒂芬-玻尔兹曼定律，黑体表面的发射功率与黑体表面的绝对温度的四次方成正比而与电磁波的波长无关，则任意物体的辐射能力可表示为

$$M = \varepsilon A \sigma T^4 \qquad (2-52)$$

其中，ε 为物体的辐射率，A 为物体的辐射表面积，单位是 m^2，σ 为斯蒂芬-玻尔兹曼常数，取 5.67×10^{-8} W/($m^2 \cdot K^4$)；T 为物体表面的绝对温度，单位为 K。

根据普朗克定律，随辐射电磁波波长分布的黑体辐射功率可表示为

$$M(T) = \frac{C_1 \cdot \lambda^{-5}}{e^{\frac{C_2}{\lambda \cdot T}} - 1} \qquad (2-53)$$

其中，C_1 是实验常数，为 3.743×10^{-16} W $\cdot$ m^2；C_2 是实验常数，为 1.439×10^{-2} W $\cdot$ K；λ 为电磁波波长，单位为 m；T 为黑体表面的绝对温度，单位为 K。

维恩位移定律表明黑体辐射功率的最大值对应的波长与黑体的温度的乘积是一个常数，即当黑体表面的温度升高，黑体辐射功率最大值对应的波长变短。地球上的物体的温度范围对应的物体辐射功率最大值对应的波长范围基本为 $8 \sim 13 \ \mu m$，与大气红外窗口相对应。因此维恩位移定律成为辐射制冷技术的理论基础。

基尔霍夫定律揭示了物体表面发射率和吸收率之间的关系。基尔霍夫定律指出,在相同的一定温度下,不同的物体对相同波长的单色发射率和单色吸收率的比值相等,并且等于相同温度下黑体对同一波长的单色发射率。因此,我们可以简单地认为物体的吸收率等于其发射率。

5)材料的选择性热辐射原理

在基于洛伦兹阻尼简谐振动近似条件下,在介质材料固有频率为 $1.0×10^{15}$ Hz,材料厚度为 1 cm,阻尼系数为 $1.0×10^{13}$ Hz 条件下,计算了该介质材料的发射率,从而得到该材料的色散关系曲线,如图 2-3 所示[3]。从图 2-3 所示的材料的色散关系曲线中可以看出,对于入射热辐射电磁波的不同频率区间,介质材料具有不同的发射率,即材料对不同频率的热辐射电磁波的发射具有选择性。

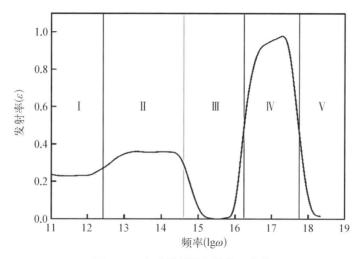

图 2-3　介质材料的色散关系曲线

2.2.2　大气辐射

对射入地球的光谱辐射进行估算对于评估辐射冷却器的冷却潜力至关重要。地面接收的来自天空的辐射是由两种不同的来源引起的,第一种来源是大气成分的辐射,第二种是太阳辐射的散射,太阳辐射的散射只存在于白天。大气辐射几乎只局限于波长大于 4 μm 的波段,且在黑夜和白天都存在,但在白天,最主要的辐射是波长小于 2.5 μm 的太阳辐射。

大气辐射是其组成成分的辐射叠加的结果。其中,大气的主要成分氮气和氧气贡献很小,而二氧化碳、水蒸气、臭氧以及氮氧化物和碳氢化合物贡献较大,在一定程度上,大气在 3～50 μm 的波长范围内显示出显著的辐射/吸收带[4]。水蒸气在 6.3 μm 附近有较强的分裂辐射带,在 20 μm 附近也有较大的辐射。对于二氧化碳来说,其重要的红外辐射特征是有一个以 $15\ \mu m$ 为中心的宽带密集辐射带。在红外光区域,臭氧的大部分辐射带都被水蒸气和二氧化碳的辐射带覆盖了,但在 $9.6\ \mu m$ 存在一个显著的狭窄辐射带。在空气干燥的情况下,天顶方向的大气对波长范围为 $8\sim13\ \mu m$ 的辐射的吸收率较低,这一波长范围被称为"大气窗口"。然而,在这个波长范围内存在由二氧化碳和水蒸气辐射带产生的整体背景辐射[5]。大气窗口范围内大气辐射的主要原因是大气的连续吸收,并且大气辐射率是大气中水汽量、环境温度和露点温度的函数[6]。由于路径长度较大,在较大的天顶角时,大气窗口内的大气辐射量较高。在低水蒸气含量的条件下,在 $16\sim22\ \mu m$ 的波段上也有一个不太明显的第二大气透明窗[7]。

对大气辐射度进行的光谱测量表明,阴天时,大气是一个接近黑体的辐射体,其温度比环境温度低 $1\sim2\ \text{℃}$[5]。这使得辐射冷却效应在阴天不显著。对于晴朗的天气,在大气窗口中,大部分的向下辐射(即臭氧辐射)来自高海拔地区,那里的温度可能比环境温度低 $50\ \text{℃}$,因此辐射功率很小。另外,大气窗口外的向下辐射来自更接近地球表面的低层大气,在这个范围内的辐射特征接近于环境温度下的普朗克分布。

使用一个精确的辐射模型来计算不同条件下天空向下辐射的光谱和方向发射率是评估辐射冷却系统的一个关键因素。大气的温度和光谱发射率曲线是计算天空向下辐射的两个最重要的因素[4]。一种简单的建模方法是将大气视为一个在环境温度 (T_a) 下的灰色发射体,其有效辐射率值为半球总辐射率 ε。因此,大气向下辐射热流由下式估算:

$$\dot{P}_a = \bar{\varepsilon}_a \sigma T_a \tag{2-54}$$

其中,σ 为斯蒂芬-玻尔兹曼常数,T_a 为环境温度。

对大气辐射度进行粗略估计[8]:对于晴空,高海拔干旱地区的总发射率为 $0.5\sim$ 0.6,海平面地区的总发射率为 $0.8\sim0.9$,多云地区的总发射率接近 1.0。根据经验,对大气半球总发射率提出了更详细的估计。这种关系是基于对天空辐射的直接测量和拟合实验测量的经验相关性。表 2-1 列出了最常用于评价大气发射率的表达式及其参数,以及对每个表达式的一些注释。

表 2-1　常用的大气发射率的表达式

数据来源	大 气 发 射 率	参　数	备　注
文献[8]	$\bar{\varepsilon}_a$ 为定值	干旱地区:$0.5\sim0.6$ 海平面地区:$0.8\sim0.9$ 多云地区:1.0	粗略估计大气总发射率

数据来源	大 气 发 射 率	参 数	备 注
文献[9]	$\bar{\varepsilon}_a = A + B\sqrt{p}$	p：水蒸气压(mbar)；A,B：经验常数，分别为 $0.34 \sim 0.71$ 和 $0.023 \sim 0.110$	大气总发射率的经验关系式
文献[10]	$\bar{\varepsilon}_a = 0.741 + 0.006\,2 \times T_{dp}$ $T_{dp} = 273.3 \times \dfrac{\ln(RH) + a \times b}{[a - \ln(RH)] + a \times b}$ $a = 1.727 \ll RH \ll 1$ $b = \dfrac{T_a}{T_a + 273.3}$	T_{dp}：露点温度(℃)；T_a：环境温度(℃)；RH：相对湿度(℃)；a,b：经验常数	大气总发射率的经验关系式
文献[4]	$\varepsilon_a(\theta, \lambda)$ $= \begin{cases} \bar{\varepsilon}_{a2}(\theta), & 8 \ll \lambda \ll 13\ \mu m \\ 1, & 3 \ll \lambda \ll 8\ \mu m\ 或\ 13 \ll \lambda \ll 50\ \mu m \end{cases}$ $\bar{\varepsilon}_a(\theta, \lambda) = 1 - [1 - \varepsilon_a(0, \lambda)]^{1/\cos\theta}$	θ：天顶角；λ：波长	大气发射率与光谱波长和方向的依赖性
文献[11]	$\bar{\varepsilon}_a(0) = 0.24 + 2.98 \times 10^{-6}\,p^2 \exp\left(\dfrac{3\,000}{T_a}\right)$ $\bar{\varepsilon}_a = \bar{\varepsilon}_a(0) \times [1.4 - 0.4 \times \bar{\varepsilon}_a(0)]$	p：水蒸气压(kPa)；T_a：环境温度(℃)	计算大气窗口内天顶方向晴空总发射率 $\bar{\varepsilon}_a(0)$ 和半球发射率 $\bar{\varepsilon}_a$ 的方程
文献[12]	$\varepsilon_a(\theta, \lambda)$ $= 1 - (1 - \bar{\varepsilon}_a)[t(\lambda)/t_{av}]\,e^{b(1.7 - 1/\cos\theta)}$ $\bar{\varepsilon}_a = 0.711 + 0.56\left(\dfrac{T_{dp}}{100}\right) + 0.73\left(\dfrac{T_{dp}}{100}\right)^2$	$t(\lambda)/t_{av}$ 和 b：以表格形式显示的隐式依赖项；$\bar{\varepsilon}_a$：天空总辐射率；T_{dp}：露点温度(℃)，$-13 \ll T_{dp} \ll 24\ ℃$	光谱天空发射率与波长、天顶角和天空总发射率的经验方程

使用有效总发射率 $\bar{\varepsilon}_a$ 和将大气建模为环境温度 T_a 下的灰色体存在如下两个问题。首先，天空以黑体的形式辐射，波长在 $8 \sim 13\ \mu m$ 范围之外[13]。有效的灰色辐射率低估了这个波长范围内的辐射，导致对将黑体发射体作为夜间辐射冷却器的高冷却能力的不准确估计。其次，大气窗口内的天空辐射方向严重依赖于水汽量和天顶角(即从法向到地面的角度)[5,14]。通过在整个热光谱上将天空看作一个灰色体，由水汽量的变化而引起的大气发射率的变化及其方向依赖性在大气窗口中基本被掩盖了。图 2-4 给出了大气在三个不同天顶方向(m_{air}不同)的光谱透射率，以及增加天顶角对大气透射的影响。

"盒子模型"将大气热辐射光谱划分为两个光谱范围(即内部和外部的窗口)。在"盒子模型"中大气被认为是由一个在大气窗口[即发射率值(ε_a)作为垂直辐射

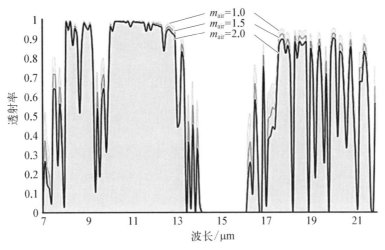

图 2‑4　大气在三个不同天顶方向的光谱透射率

率和天顶角的函数]的灰色辐射体和超出"大气窗口"范围的黑体辐射器构成。大气窗口内的发射率也考虑了对辐射方向的依赖性(见表 2‑1)。盒子模型虽忽略了光谱辐射的细节,但对窗口内的辐射给予了适当的关注。

经验大气辐射计算模型(见表 2‑1)用于估计一般大气条件下的晴空辐射。当需要更精确的方向计算时,则需要详细的大气计算模型。这种模型使用复杂的大气成分及其辐射特性和不同海拔、温度的变化数据来估计大气发射率。通常,如果提供准确的输入,严格详细的模型会得到更精确的评估。计算机模型如 SMARTS LOWTRAN 和 MODTRAN 以及其他代码,如使用 HITRAN 数据库的 BTRAM,则可以用来评估各种大气条件下的大气辐射特性[15]。

方框模型用于粗略估计辐射冷却的大气发射率的共同相关性。但是,如前文所述,大气中的水汽含量应作为影响大气窗口内连续体辐射的支配因素,需加以认真考虑。对窗口内大气发射率的准确估计关系着冷却器冷却功率的计算。虽然可以采用经验关系式来计算大气窗口内的发射率,并把发射率作为露点温度和相对湿度的函数。但为了更精确地计算,计算机模型和实际测量是必要的。值得一提的是,由于白天辐射冷却的冷却热通量可能较低,因此,白天时窗口内的大气发射率对冷却器性能的影响更为突出。

2.2.3　太阳辐射

对于白天的辐射冷却,太阳辐射的影响非常重要,必须考虑其影响。全球太阳辐照通量密度(即辐照度)高达 $1\,000\ W/m^2$,而晴空的漫射分量通常在 $50\sim100\ W/m^{2[7]}$。太阳的标准平均辐照度由 AM1.5 光谱表示,如图 2‑5 所示。例如,如果太阳辐照通量密度为 800 W/m²时,那么太阳能吸收率为 5%~10%的辐射体所吸收的太阳能功率为 40~80 W/m²,其数值接近甚至超过了散热器的冷却能力。

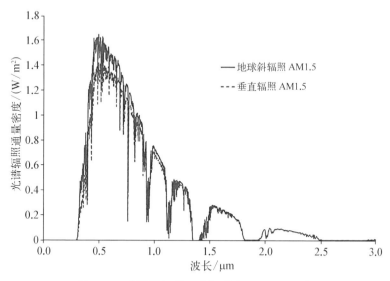

图 2-5 太阳的标准平均辐照度(AM1.5 光谱)

2.2.4 天空辐射

天空中的大气是由许多气体(例如水蒸气和氮气)构成的复杂混合物,这些气体作为半透明辐射体,可减弱从地球到外层空间的大部分波长波段的热辐射。由于受到不同气体和大气温度的综合影响,天空辐射主要集中在红外波段。然而,天空中的大气在大气窗口(主要在 8~13 μm 范围)内是高度透明的,这是辐射冷却的关键通道。根据热辐射原理,可给出辐射器吸收的大气红外辐射:

$$q_{sky} = A_r \pi \int_0^{+\infty} \int_0^{\pi/2} \alpha_r(\lambda, T_r) I_s(\lambda, \theta, T) \sin(2\theta) d\theta d\lambda \qquad (2-55)$$

其中,$I_s(\lambda, \theta, T)$ 为大气红外辐射的光谱定向辐射功率,$\alpha_r(\lambda, T_r)$ 是辐射器的光谱定向吸收率,根据基尔霍夫定律,$\alpha_r(\lambda, T_r)$ 可以用辐射器的光谱定向发射率替代。关于如何描述大气红外辐射的特性,主要有以下三个观点。

1) 光谱依赖性和方向依赖性的大气红外辐射

假定大气红外辐射的特性与光谱和方向有关。因此,大气红外辐射的光谱定向辐射强度 $I_s(\lambda, \theta, T)$ 可写为

$$I_s(\lambda, \theta, T) = \varepsilon_s(\lambda, \theta) \cdot I_b(\lambda, T_a) \qquad (2-56)$$

其中,$\varepsilon_s(\lambda, \theta)$ 为天空大气的光谱定向发射率,T_a 为周围环境的绝对温度。

基于上述观点评估大气红外辐射是一种精度可靠的基本方法。由于不同气体对大气红外辐射特性的影响不同,其理论模型计算难度大,使得获得大气红外辐射发射率的相关影响因素有限。常用的大气红外辐射的光谱依赖性和方向依赖性关系如表 2-2 所示。

表 2-2　大气辐射的光谱依赖性和方向依赖性关系[16]

数据来源	关　系　式	备注说明
文献[4]	$\varepsilon_s(\lambda, \theta) = 1 - [1 - \varepsilon_s(\lambda, 0)]^{1/\cos\theta}$	$\varepsilon_s(\lambda, 0)$ 是大气在垂直方向上的发射率
文献[17]	$\varepsilon_s(\lambda, \theta) = 1 - [\tau_s(\lambda, 0)]^{1/\cos\theta}$	$\tau_s(\lambda, 0)$ 是大气在垂直方向的透过率
文献[18]	$\varepsilon_s(\lambda, \theta) = \begin{cases} 1 & (\lambda < 8\,\mu m, \lambda > 13\,\mu m) \\ 1 - [1 - \varepsilon_s(0)]^{1/\cos\theta} & (8\,\mu m < \lambda < 13\,\mu m) \end{cases}$	$\varepsilon_s(0)$ 是大气的平均天顶发射率
文献[12]	$\varepsilon_s(\lambda, \theta) = 1 - (1 - \varepsilon_s)[\tau_s(\lambda, 0)/\tau_{average}]^{e^{1.7b - \frac{b}{\cos\theta}}}$	ε_s 是大气辐射率,$\tau_{average}$ 是大气的平均透过率,b 是经验参数

2) 非光谱依赖性和非方向依赖性的大气红外辐射

如果假定大气红外辐射不存在光谱依赖性和方向依赖性,则可以简化对大气红外辐射的描述,更容易得到辐射功率。

首先,假定天空大气在有效天空温度 $T_{s\text{-eff}}$ 下是一个完全的黑体,因此等式(2-55)中的 $I_s(\lambda, \theta, T)$ 可以表示为

$$I_s(\lambda, \theta, T) = I_b(\lambda, T_{s\text{-eff}}) \tag{2-57}$$

其次,假定天空中的大气在环境温度 $T_{s\text{-eff}}$ 下是一个真实的物体,有效发射效率为 $\varepsilon_{s\text{-eff}}$,大气辐射强度 $I_s(\lambda, \theta, T)$ 可写为

$$I_s(\lambda, \theta, T) = \varepsilon_{s\text{-eff}} I_b(\lambda, T_a) \tag{2-58}$$

根据热力学第一定律,将式(2-57)与式(2-58)联立,得到空气温度与有效发射率的关系,如式(2-59)所示,证明了这两个有效参数之间的相互依赖关系。

$$T_{s\text{-eff}} = (\varepsilon_{s\text{-eff}})^{1/4} T_a \tag{2-59}$$

大气红外辐射的相关数据可以用特定的设备来测量,例如传统的地面辐射强度计或改进的红外温度计均可提供大量的大气红外辐射数据。利用半经验方法和

实验理论方法可以得到丰富的关于大气温度、辐射率和大气红外辐射的有效值之间的关系,如表 2-3 所示。

表 2-3 非光谱依赖性和非方向依赖性的大气红外辐射[16]

数据来源	关 系 式	备 注
文献[9]	$E_s = (C_1 + C_2 e_a^{1/2})\sigma T_a^4$	e_a:水汽压(mbar); C_1,C_2:取决于地理位置的经验系数
文献[19]	$E_s = (C_1 + C_2 10^{-C_3 e_a})\sigma T_a^4$	e_a:水汽压(mbar); C_1,C_2,C_3:取决于地理位置的经验系数
文献[20]	$\varepsilon_{s\text{-eff}} = 0.8004 + 0.00396 T_{dp}$	理论预测: T_{dp}:露点温度(℃)
文献[21]	$E_s = -17.09 + 1.195\sigma T_a^4$	基于实测数据
文献[21]	$E_s = 5.31 \times 10^{-14}\sigma T_a^6$	基于实测数据
文献[22]	$\varepsilon_{s\text{-eff}} = 1 - 0.261 e^{-0.00077(273-T_a)^2}$	基于实测数据
文献[23]	$\varepsilon_{s\text{-eff}} = C_1 e^{C_2}$	C_1,C_2:经验参数在标准大气压下,$C_1 = 0.67$,$C_2 = 0.08$
文献[24]	$\varepsilon_{s\text{-eff}} = 0.7 + 0.0000595 e_a e^{(1500/T_a)}$	T_a:环境温度(K); e_a:水汽压(mbar)
文献[25]	$\varepsilon_{s\text{-eff}} = \begin{cases} 0.741 + 0.0062 T_{dp}, (夜间) \\ 0.727 + 0.0060 T_{dp}, (白天) \end{cases}$	T_{dp}:露点温度(℃) (基于实测数据)
文献[26]	$\varepsilon_{s\text{-eff}} = 0.711 + 0.0056 T_{dp} + 0.000073 T_{dp}^2 + 0.013\cos t$	T_{dp}:露点温度(℃) t:太阳照射时间,h
文献[27]	$\varepsilon_{s\text{-eff}} = 0.770 + 0.0038 T_{dp}$	T_{dp}:露点温度(℃) (基于实测数据)
文献[27]	$\varepsilon_{s\text{-eff}} = \varepsilon_{cs} + (1 - \varepsilon_{cs})F$	ε_{cs}:晴空条件下的天空发射率 F:云综合因子
文献[28]	$E_s = E_{cs}(1 + 0.0496 m^{2.45})$	E_{cs}:晴空条件下的天空发射率 m:云量,基于实测数据
文献[29]	$\varepsilon_{s\text{-eff}} = 0.736 + 0.00571 T_{dp} + 3.3318 \times 10^{-6} T_{dp}^2$	T_{dp}:露点温度(℃) (基于实测数据)
文献[30]	$\varepsilon_{s\text{-eff}} = \begin{cases} 0.72 + 0.009(e_a - 2), (e_a \geqslant 2) \\ 0.72 + 0.076(e_a - 2), (e_a < 2) \end{cases}$	e_a:水汽压(mbar) (基于实测数据)
文献[31]	$\varepsilon_{s\text{-eff}} = 0.754 + 0.0044 T_{dp}, (夜间)$	T_{dp}:露点温度(℃) (基于实测数据)

数据来源	关 系 式	备 注
文献[32]	$\varepsilon_{s\text{-eff}} = 1.18\,(e_a/T_a)^{1/7}$	e_a：水汽压(mbar)
文献[32]	$\varepsilon_{s\text{-eff}} = \varepsilon_{cs}(1.37 - 0.34s)$	s：多云与晴空下太阳辐射的比例
文献[33]	$\varepsilon_{s\text{-eff}} = C_1\,(e_a/T_a)^{1/m}F$	C_1,m：与地理位置有关的经验系数；e_a：水汽压(mbar)；F：云综合因子

3) 光谱依赖但非方向依赖性的大气红外辐射

在这种情况下,大气红外辐射特性是光谱选择性的。因此式(2-55)中的 $I_s(\lambda, \theta, T)$ 可以表示为

$$\begin{cases} I_s(\lambda, \theta, T) = \varepsilon_s(\lambda)I_b(\lambda, T_a) \\ E_s = \int_0^{+\infty}\int_0^{2\pi} \varepsilon_s(\lambda)I_b(\lambda, T_a)\sin(\theta)\cos(\theta)\mathrm{d}\theta\mathrm{d}\phi\mathrm{d}\lambda \\ \quad = \pi\int_0^{+\infty} \varepsilon_s(\lambda)I_b(\lambda, T_a)\mathrm{d}\lambda \end{cases} \tag{2-60}$$

一般来说,不考虑方向依赖性而只考虑光谱依赖性的大气红外辐射的计算比既考虑方向依赖性又考虑光谱依赖性简单,但是比不考虑光谱依赖性且不考虑方向依赖性的计算复杂。然而,关于不考虑方向依赖性而只考虑光谱依赖性的大气红外辐射的研究不多。

描述大气红外辐射特性既不考虑光谱依赖性也不考虑方向依赖性的观点是基于认为大气是非光谱选择性的假设。因此,可以根据能量平衡得到有效发射率和(或)大气温度。考虑到不同大气条件的差异,一些气象参数如露点温度、水汽压等与有效发射率和(或)大气温度的经验相关,这是对大气红外辐射的一种粗略估计。在考虑大气光谱特性的情况下,提出了只考虑光谱依赖性但不考虑方向依赖性的方法,这是对提高大气红外辐射描述精度的一种改进。事实上,大气红外辐射的特性与光谱和方向都有关,因此,在描述大气红外辐射的特性时,同时考虑光谱依赖性和方向依赖性的方法是目前最现实的描述,它考虑了大气是一种与光谱和辐射角度有关的半透明介质这一因素。该方法被公认为是对大气红外辐射的普遍描述,并在近年来的辐射冷却性能预测研究中得到了广泛的应用。

2.2.5 非辐射传热

为了评价辐射冷却器的性能,还必须考虑热对流和热传导这两种传热方式。

如果冷却器的设计工作温度高于环境温度,则非辐射传热将提高冷却器的整体性能。然而,它将减少在亚环境温度中结构的总冷却热流。在冷却器上进行适当的热绝缘处理可以极大地抑制传导传热,传热系数可减小到 $0.3\ \mathrm{W/(m^2 \cdot K)}$。在辐射冷却装置中,聚乙烯薄膜(厚度为 $10\ \mu\mathrm{m}$)可以用作透明覆盖物,以抑制对流换热。表 2-4 总结了计算非辐射换热系数 h_c 的关系式、有效参数以及每个关系式的解释说明。很明显,根据不同研究的条件,用于估计 h_c 的相关因素将有很大不同,最主要的因素是对流换热系数,它依赖于冷却器上方覆盖物的有无和风速的大小。

表 2-4　辐射冷却器非辐射换热系数表达式[34]

数据来源	大气辐射率	参　数	备　注
文献[7]	$h_c = 5.7 + 3.8 \times V$	V:风速(m/s)	没有风挡的辐射冷却器
文献[14]	$h_c = 2.8 + 3.0 \times V$	V:风速(m/s)	有风挡的辐射冷却器
文献[35,36]	$h_c = 6\ \mathrm{W/(m^2 \cdot K)}, V = 1\ \mathrm{m/s}$ $h_c = 12\ \mathrm{W/(m^2 \cdot K)}, V = 3\ \mathrm{m/s}$ $h_c = 40\ \mathrm{W/(m^2 \cdot K)}, V = 12\ \mathrm{m/s}$	V:风速(m/s)	对一个具体的挡风案例的仿真结果
文献[17]	$h_c = 6.9\ \mathrm{W/(m^2 \cdot K)}$	模拟结果	—
文献[37]	$h_c = 3.1 + 4.1 \times V$	V:风速(m/s), $0.1 \ll V \ll 2.0$	没有风挡的辐射冷却器
文献[38]	$h_c = 1 + 6 \times V^{0.75}$	V:风速(m/s)	没有风挡的辐射冷却器
文献[39]	$h_c = 1.8 + 3.8 \times V$	V:风速(m/s), $1.35 \ll V \ll 4.5$	没有风挡的辐射冷却器

2.3　辐射制冷机理——热分析

一般来说,照射在物体上的电磁波可以部分地被吸收、反射或透射。物体的吸收率(α)、反射率(ρ)和透射率(τ)的关系为 $\alpha + \rho + \tau = 1$。根据基尔霍夫定律,任何处于热平衡状态的物体,对于每个方向和每个波长,其吸收率和发射率都是相等的。

当辐射体置于晴朗的天空下,辐射体通过大气窗口向外太空辐射的功率为 P_r,辐射体受到的太阳辐射功率为 P_s,受到的大气辐射功率为 P_a,以及其他非辐射能量交换(热对流和热传递)P_{nr},其辐射制冷原理及能量交换如图 2-6 所示,则由辐射制冷产生的净辐射冷却功率为

$$P_c = P_r - P_s - P_a - P_{nr} \qquad (2-61)$$

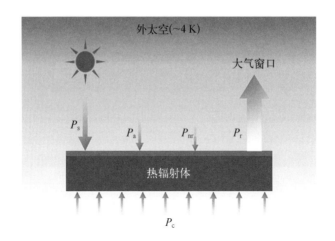

图 2-6 表示辐射冷却结构热通量的示意图

辐射体表面发出的辐射热流 P_r 表示为

$$P_r = A\int_0^{2\pi} d\Omega \cos\theta \int_8^{13} E_b(\lambda,\ T_r)\varepsilon_r(\lambda,\ \theta)d\lambda \qquad (2-62)$$

其中，A 为辐射体的表面积(m^2)；λ 为辐射电磁波波长(m)；T_r 为辐射体的绝对温度(K)；$E_b(\lambda,\ T_r)$ 为由普朗克定律定义的辐射体温度下的光谱辐射强度；$\varepsilon_r(\lambda,\ \theta)$ 为辐射体的辐射率；$d\Omega$ 为微元立体角，$d\Omega = \sin\theta d\theta d\varphi$。

大气对辐射体的辐射功率为

$$P_a = A\int_0^{2\pi} d\Omega \cos\theta \int_8^{13} E_b(\lambda,\ T_a)\varepsilon_a(\lambda,\ \theta)\varepsilon_r(\lambda,\ \theta)d\lambda \qquad (2-63)$$

其中，A 为辐射体的表面积(m^2)；λ 为辐射电磁波波长(m)；T_a 为大气的绝对温度(K)；$E_b(\lambda,\ T_a)$ 为由普朗克定律定义的大气温度下的光谱辐射强度；$\varepsilon_r(\lambda,\ \theta)$ 为辐射体的辐射率；$\varepsilon_a(\lambda,\ \theta)$ 为大气的辐射率；$d\Omega$ 为微元立体角，$d\Omega = \sin\theta d\theta d\varphi$。

辐射体吸收的来自太阳的辐射功率为

$$P_s = A\int_8^{13} \varepsilon(\lambda,\ \theta_s)E_{AM1.5}(\lambda)d\lambda \qquad (2-64)$$

其中，A 为辐射体的表面积(m^2)；$\varepsilon(\lambda,\ \theta_s)$ 为与太阳光入射角 θ_s 相关的辐射体的发射率；θ_s 为辐射体法线方向与太阳入射线之间的夹角；$E_{AM1.5}$ 为白天阳光光照强度。

根据基尔霍夫定律，大气的辐射发射率为

$$\varepsilon_a(\lambda,\ \theta) = 1 - t\,(\lambda,\ 0)^{1/\cos\theta} \qquad (2-65)$$

其中，$t(\lambda, 0)$ 为天顶方向的大气辐射透过率[40]。

$$E_b(\lambda, T) = \frac{2hc^2}{\lambda^5} \cdot \frac{1}{e^{hc/\lambda k_B T} - 1} \tag{2-66}$$

其中，h 为普朗克常数（J·s）；c 为真空中的光速（m/s）；k_B 为玻尔兹曼常数（J/K）；T 为绝对温度（K）；λ 为波长（m）。

非辐射热流交换主要来自辐射体与大气的热对流和热传递，非辐射热流交换功率可表示为

$$P_{nr} = A h_c (T_a - T_r) \tag{2-67}$$

其中，A 为辐射体的表面积（m²）；h_c 为复合换热系数，数值上等于热对流系数和热传导系数的和[W/(m²·K)]，气候条件对换热系数 h_c 有很大的影响，尤其是风速。风速越大，换热系数就相对更高。如果有一个能够透过 $8\sim13\ \mu m$ 电磁波的风挡，将这个风挡覆盖到热辐射体上面，就能有效抑制空气与辐射体之间的热对流和热传递，甚至可以忽略热对流和热传递对辐射制冷效果的影响。

对于一个冷却装置，用两个指标表示它的冷却能力。第一个指标是冷却装置的冷却功率或总冷却热流 P_r。P_r 值越高，冷却装置的效率越高。为了获得高冷却功率，装置的发射率应该接近大气窗口内的黑体发射器，在大气高发射波长处接近于零。然而，在白天，辐射制冷的关键控制因素是冷却装置的太阳能吸收率。为了在白天达到有意义的冷却功率，该冷却装置的太阳能吸收率应保持在远低于 10% 的水平。第二个指标是实现温差或温度冷却装置的温降（$\Delta T = T_s - T_a$）可达到的最小温差（为零）时的温度。在达到 ΔT_{min} 时，冷却装置吸收和发射的热通量相等，此时，温度便不能进一步减小。

首先考虑三种向大气自由辐射的表面。一是宽带红外辐射器的表面，其在 $3\sim25\ \mu m$ 波段的发射率等于 1。二是理想的红外辐射器表面，其在大气窗口的发射率等于 1，而在此波段之外的发射率为零。三是具有 3% 太阳吸收率的红外选择性辐射器表面。值得一提的是，对于宽带红外发射器，其表面的太阳吸收率可假定为零。

图 2-7 描述了上述三种冷却表面在 $T_s < T_a$ 时，经计算得到的辐射体的冷却特性。对于宽带红外辐射器和理想的红外辐射器，在环境温度下经计算可得到高达 $80\ W/m^2$ 的冷却热流。随着辐射器表面温度的下降，冷却热通量达到零，计算得出，宽带红外辐射器的 $\Delta T_{min} \approx -6\ ℃$，理想的红外辐射器的 $\Delta T_{min} \approx -9\ ℃$。当冷却装置被设计成在低于环境温度下可产生冷却效果时，非辐射传热对装置的冷却性能有很大的影响。通过消除非辐射传热，宽带红外辐射器可实现 $\Delta T_{min} \approx -14\ ℃$，理想红外辐射器可实现 $\Delta T_{min} \approx -43\ ℃$。图 2-8 给出了 $T_s > T_a$ 时辐射器冷却功率的计算结果。当冷却装置的温度高于环境温度时，无辐射换热能明显改善冷却器的性能。对

于高于环境温度(25 ℃)的宽带红外辐射器,经计算得出其冷却功率约为 490 W/m²。在相似的条件下,对于理想红外辐射器,其冷却功率高达 405 W/m²。在较高的表面温度下,非辐射冷却效应成为主导的冷却现象。因此,增加环境温度,降低大气辐射率(降低空气湿度),可显著提高红外辐射体的冷却性能和降温能力。

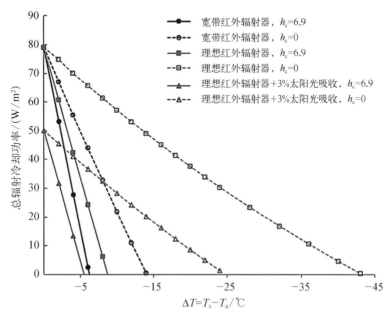

图 2-7 晴朗条件下($T_a = 25 ℃$,$T_a > T_s$),不同
发射器的总辐射冷却功率和温差的关系

根据辐射器所需的工作温度,辐射冷却器可以分为高于环境温度条件下的应用和低于环境温度条件下的应用。当辐射器的温度高于环境温度时,大气窗口外的辐射发射增强了冷却器的散热性能(见图 2-8)。因此,在高于环境温度的情况下,宽带红外辐射器能更好地散热。在夜间应用时,在整个红外光谱中具有高发射率的近黑体辐射器可以作为一种简单有效的宽带红外辐射冷却器。然而,对于白天的应用,必须抑制其对太阳波长范围的太阳能吸收。

另一方面,对于亚环境温度中的应用,在大气窗口内(8~13 μm)发射率接近黑体发射率但大气窗口外可忽略吸收/发射率的理想选择发射器更合适。当辐射器的温度低于环境温度时,宽带红外辐射器的冷却功率比理想红外辐射器下降得更快(见图 2-7)。但如果无辐射传热模式得到抑制,对于在大气窗口零辐射吸收的理想红外辐射器可以实现较大幅度的温度降低。值得一提的是,图 2-7 和图 2-8 所示的结果均没有考虑二次大气窗口(即 16~22 μm 波段)。据估计,在高于环境温度的情况下,利用二次大气窗口可将辐射器的冷却功率提高 10%[41]。综上所

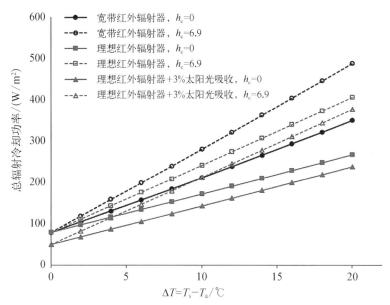

图 2 - 8　晴朗条件下 ($T_a = 25\,℃$，$T_a < T_s$)，不同
发射器的总辐射冷却功率和温差的关系

述,辐射器的设计应以冷却器的工作温度为基础。

2.4　选择性辐射体结构

在工程和应用物理学的各个领域中,改变物体原本的辐射特性有时是非常必要和重要的。改变物体的辐射特性可以通过改变物体结构的几何形状和使用的材料来实现。最近,随着纳米技术的不断发展,不同的选择性辐射冷却器不断被设计出来,如利用光子结构材料、多层系统、纳米粒子、金属介电系统、超材料等设计的选择性辐射器。

2.4.1　夜间辐射冷却

夜间辐射冷却一般有两种设计方法,一种方法是利用近黑体辐射器在整个光谱中实现强辐射。在这种方法中,当辐射体温度高于环境温度时,可实现高冷却热通量,但当辐射体温度下降到低于环境温度时,其冷却热通量下降得非常迅速。第二种方法是使辐射体在大气窗口范围内实现强辐射,并在辐射体顶部安装一个强反射层以反射大气窗口之外的辐射,从而实现辐射体的选择性辐射。

表 2 - 5 给出了用于夜间冷却的不同的辐射冷却结构及其基本参数。图 2 - 9 显示了部分用于夜间冷却的选择性辐射器的结构示意图。

表 2 - 5 不同夜间辐射冷却结构及其基本参数

数据来源	辐射体结构	性能参数	备　注
文献[8]	铝基板上涂覆 12.5 μm 厚的聚四氟乙烯醇塑料薄膜	$\Delta T_{min} = -12\ ℃$	白天测试,相对于无覆盖衬底降温 15 ℃
文献[4]	铝基板上沉积 1 μm 厚的 SiO 薄膜	$\Delta T_{min} = -14\ ℃$, $P_c = 61\ W/m^2$	
文献[42]	铝基板上涂覆 100 μm 厚的聚氯乙烯薄膜	—	
文献[43]	铝基板上涂覆 340 μm 厚的聚 4 - 甲基戊烯 - 1 薄膜	—	
文献[44]	铝基板上涂覆 Si_3N_4 薄膜		
文献[45]	反射铝板上覆盖 0.1~50 cm 厚的气体(由 NH_3、C_2H_4、C_2H_4O 组成)板层	—	换热器进出口温度下降约 10 ℃
文献[46]	铝基板上蒸发沉积 1.3 μm 厚的 $SiO_{0.6}N_{0.2}$ 薄膜	$\Delta T_{min} = -16\ ℃$	
文献[47]	铝基板上涂覆 TiO_2 白漆或黑漆	白漆: $\Delta T_{min} = -11\ ℃$ 黑漆: $\Delta T_{min} = -16\ ℃$	TiO_2 白漆结构的辐射体在整个热红外范围内具有接近黑体的发射率
文献[48]	铝基板上覆盖 SiO_2 和 $SiO_{0.25}N_{1.52}$ 双层膜(每层 0.7 μm)	—	
文献[49]	铝基板上覆盖氮氧化硅和二氧化硅多层膜		计算得出的最大冷却热流为 118~125 W/m^2
文献[13]	金属基片上沉积 1.0 μm 厚的二氧化硅和钨掺杂二氧化钒双层膜	—	
文献[50]	铝基板上覆盖一层 25 μm 厚的掺杂聚乙烯箔,其中含有 SiO_2 和 SiC 的纳米颗粒混合物(直径约为 50 nm)	$\Delta T_{min} = -45\ ℃$, $P_c = 75\ W/m^2$	模拟结果,非实验结果
文献[40]	二维周期性金属-介电圆锥纳米结构,由 7 层交替的铝(30 nm)和锗(110 nm)覆盖在铝基板之上	—	
文献[51]	铝基板上镀有一层薄薄的二氧化硅	$\Delta T_{min} > -1\ ℃$	
文献[52]	等离子体辐射体,由一列掺杂磷的 N 型硅立方体构成,在银背反射器的顶部镀上一薄层银	$\Delta T_{min} = -10\ ℃$	

　　对于夜间辐射冷却,目前已经开发出并成功测试了不同工作温度的选择性辐射器。然而,由于辐射冷却器固有的低冷却功率密度,需要更多的研究来开发更经济有效的夜间辐射冷却器。

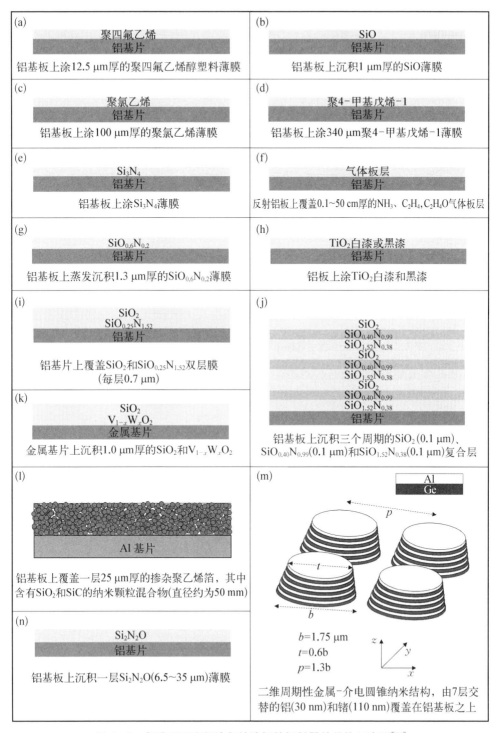

图 2-9　部分用于夜间冷却的选择性辐射器的结构示意图[34]

2.4.2　白天辐射冷却

在白天,朝向天空的冷却结构受到的向下辐射以短波长(0.3～2.5 μm)的太阳辐射为主。全球太阳辐射热通量可达 1 000 W/m² 左右[7],典型的辐射冷却器产生的冷却效应只能抵消 10% 的太阳辐射。因此,要达到有意义的白天辐射降温,很大程度上取决于防止太阳辐射被冷却器吸收。有两种已知的方法可以实现这一目的,一种是用部分透明的屏蔽物阻止不需要的光谱到达冷却器,另一种是用反射镜反射太阳光。

护罩可在反射太阳辐射的同时使大气窗口内的波段通过,即允许冷却器在白天向外太空辐射热量(见表 2-6)。然而,要同时实现高红外透射率和太阳能反射率并不容易,因此不可避免地需要权衡这些类型的冷却器在阳光直射时的工作性能。为了在阳光直射下实现有意义的日间降温,可采用一种替代方法,即覆盖一层在大气窗口波段内具有高辐射率的半透明材料,且该薄膜层具有宽带反射太阳辐射的能力。这种方法的应用在阳光直射下的被动辐射冷却中已经取得了成功。

表 2-6 展示了用于日间辐射冷却的辐射体结构及其参数。

表 2-6　用于日间辐射冷却的辐射体结构及其参数

数据来源	辐射体结构	性能参数	备　注
文献[53]	顶部是由聚乙烯或乙烯共聚物制成的,覆盖有反射涂料和染料的箔,用于反射阳光;背部涂上一层吸收颜料以吸收反射层的辐射	—	盖板只能透过 10% 的太阳辐射,并且在大气窗口中高度透明
文献[54]	在黑色辐射体上覆盖有体积分数达 0.1 的 ZnS 聚乙烯薄膜	夜间:$\Delta T_{min} = -12$ ℃, $P_c = 52$ W/m²; 白天:$\Delta T_{min} = +8$ ℃	虽然在白天有冷却效应,但在中午,吸收的热流超过了辐射效应,冷却器的温度高于环境温度
文献[14]	对含有 ZnS、ZnSe、TiO₂、ZrO₂ 和 ZnO 颜料的聚乙烯箔进行了测试,找出了最佳的覆箔组合,在黑体发射器顶部涂覆体积分数达 15% 的 ZnS 颜料效果最好	白天:$\Delta T_{min} = +1.5$ ℃	ZnO 颜料在保持最小红外透射率为 0.75 的同时,其太阳反射率达 0.7
文献[36]	由 30 层 TiO₂ 和 MgF₂ 在银基板上交替构成的一维光子晶体反射体;其中有由 SiO₂ 和 SiC 两层二维光子晶体构成的金属介电光子结构	白天:$\Delta T_{min} = -7$ ℃, $P_c = 100$ W/m²	在正常照射条件下,太阳反射率为 0.965

（续表）

数据来源	辐射体结构	性能参数	备 注
文献[18]	集成的光子太阳反射器和热发射器，由在银基板上的 7 层 HfO_2 和 SiO_2 组成，最上面的 3 层作为发射器，最下面的 4 层进行有效的太阳反射	白天：$\Delta T_{min} = -4.9\ ℃$，$P_c = 40.1\ W/m^2$	在正常照射条件下，太阳反射率为 0.97
文献[55]	双层结构，由丙烯酸树脂制成，顶部嵌有用于太阳反射的二氧化钛球体，底层嵌有微米大小的炭黑球体	$P_c = 100\ W/m^2$	太阳反射率估计为 0.9
文献[56]	一种银基板，覆盖一层 $50\ \mu m$ 的掺杂聚甲基戊烯层；最上层包含随机分布的微米大小的二氧化硅球	$P_c = 93\ W/m^2$	正午时太阳反射率约 0.96
文献[57]	一种 $500\ \mu m$ 的熔融硅晶圆，一面覆盖一层薄银作为背面反射层，另一面覆盖一层聚二甲基硅氧烷（PDMS）	夜间：$\Delta T_{min} = -8.4\ ℃$；白天：$\Delta T_{min} = -8.2\ ℃$	日间平均冷却热通量为 127 W/m²
文献[58]	聚合多层结构，由 300 层双层 PET/ECDEL① 组成，总厚度为 $67\ \mu m$，位于银基板上	白天：$\Delta T_{min} = 2\ ℃$	在 24 小时测试的大部分时间里，冷却器的温度保持在环境温度以下。中午时，地表温度大约比周围环境温度高 2 ℃
文献[59]	一种绝缘良好的冷却器，银基板作底，顶部覆盖由非晶硅（700 nm）和氮化硅制成的双层膜	全天：$\Delta T_{min} = -37\ ℃ \sim 42\ ℃$	冷却器保持在真空中，使非辐射传热最少，且有一个 ZnSe 玻璃盖，以减少不必要的辐射到达冷却器；同时，有一个遮阴板阻止太阳辐射到达器件
文献[60]	一种在银基板上由 SiO_2、TiO_2 和 Al_2O_3 交替层构成的一维光子结构	$P_c = 100\ W/m^2$	
文献[61]	由顶部密集填充的 TiO_2 作为反射层，底部由 SiO_2 和 SiC 双层结构作为发射层	$\Delta T_{min} = -5\ ℃$	将双层结构应用于铝基板和黑色发射器上，观察太阳直射下的冷却效果
文献[62]	一种一维光子结构，由 7 层交替的 SiO_2 和 TiO_2 覆盖在银基板的顶部构成	—	

① PET，聚对苯二甲酸乙二醇酯的缩写；ECDEL，聚酯和聚二醇醚嵌段共聚物的缩写。

白天辐射冷却所需的选择性辐射器的光谱特性需应用复杂的纳米结构材料。虽然研究人员已经提出了实验室规模的实验结果,但还需要进一步的研究,以使白天辐射冷却在实际应用中可行。对于含大量纳米结构的复杂一维结构、二维光子结构、等离子体结构,现有技术(即电子束光刻、反应离子刻蚀和卷对卷纳米压印)的制作成本极高。关键是要找到较少层数、更灵活、更廉价的制造技术和经济适用的材料(如稀土氧化物)的不复杂设计。对于由纳米颗粒嵌入顶层的结构,可以采用较低廉的制造方法,如湿法沉积和聚合物熔体。然而,这种方法除了纳米颗粒的高材料成本外,在控制颗粒尺寸和分布的技术方面也存在挑战。未来,在聚合物材料和制备方法等关于成本效益方面的进一步研究,如研发自组装结构和纳米颗粒嵌入结构,将成为重要的方向。

2.4.3 辐射冷却器的性能指标

为了便于比较各种冷却结构的辐射冷却性能,采用一个共同的性能参数是非常重要的。

在高于环境温度工作的情况,引入了总发射效率,即在相同温度下,冷却器的总辐射功率与黑体的总辐射功率的比值,可作为宽带红外辐射器的性能指标[4]。对于低于环境温度工作的情况,选择性辐射器在大气窗口内的辐射效率与辐射器的总辐射效率之比可作为冷却器效率的指标。这两种情况若在相似的工作条件下,较高的发射器效率代表更有效的冷却效果。对于应用于建筑物中的冷屋顶,SRI(太阳反射指数)是衡量建筑辐射冷却涂料冷却性能的常用指标。SRI 是根据辐射体结构的太阳反射率和红外热发射率计算的。SRI 值越高,表明辐射冷却效果越好。CAT 指数也可以作为衡量辐射冷却结构性能的参数,该参数表示一年中辐射体的温度低于环境温度的时间百分比,并根据当地任何表面低于环境温度总时间的年平均百分比对辐射体进行排序[63]。这两种指标皆可应用于未来辐射冷却器的性能评价。

参 考 文 献

［1］Zhang Z M. Nano/microscale heat transfer[M]. New York：Springer，2007.

［2］孟涛.辐射制冷装置的数值模拟及实验研究[D].镇江：江苏大学,2009.

［3］吴永红,夏德宏.材料的选择性热辐射机理[J].冶金能源,2003,22(6)：15-18.

［4］Granqvist C G, Hjortsberg A. Radiative cooling to low temperatures：General considerations and application to selectively emitting SiO films[J]. Journal of Applied Physics, 1981, 52(6)：4205-4220.

［5］Bell E E, Eisner L, Young J, et al. Spectral radiance of sky and terrain at wavelengths between 1 and 20 microns. II. sky measurements[J]. Journal of the Optical Society of America, 1960, 50(12): 1313.

[6] Berdahl P, Martin M, Sakkal F. Thermal performance of radiative cooling panels[J]. International Journal of Heat and Mass Transf, 1983, 26(6): 871 - 880.

[7] Eriksson T S, Granqvist C G. Radiative cooling computed for model atmospheres[J]. Applied Optics, 1982, 21(23): 4381 - 4388.

[8] Gatalanotti S, Cuomo V, Piro G, et al. The radiative cooling of selective surfaces[J]. Solar Energy, 1974, 1783 - 1789.

[9] Brunt D. Notes on radiation in the atmosphere. I[J]. Quarterly Journal of the Royal Meteorological Society, 1932, 58(247): 389 - 420.

[10] Murray F W. On the computation of saturation vapor pressure[J]. Journal of Applied Meteorology, 1967, 6(1): 203 - 204.

[11] Idso S B. An experimental determination of the radiative properties and climatic consequences of atmospheric dust under nonduststorm conditions[J]. Atmospheric Environment, 1981, 15(7): 1251 - 1259.

[12] Berdahl P, Martin M, Sakkal F. Thermal performance of radiative cooling panels[J]. International Journal of Heat and Mass Transfer, 1983, 26(6): 871 - 880.

[13] Tazawa M, Jin P, Yoshimura K, et al. New material design with $V_{1-x}W_xO_2$ film for sky radiator to obtain temperature stability[J]. Solar Energy, 1998, 643 - 647.

[14] Nilsson T M J, Niklasson G A. Radiative cooling during the day: simulations and experiments on pigmented polyethylene cover foils[J]. Solar Energy Materials and Solar Cells, 1995, 37(1): 93 - 118.

[15] Gueymard C A. Parameterized transmittance model for direct beam and circumsolar spectral irradiance[J]. Solar Energy, 2001, 71(5): 325 - 346.

[16] Zhao B, Hu M K, Ao X Z, et al. Radiative cooling: A review of fundamentals, materials, applications, and prospects[J]. Applied Energy, 2019, 236: 489 - 513.

[17] Raman A P, Anoma M A, Zhu L, et al. Passive radiative cooling below ambient air temperature under direct sunlight[J]. Nature, 2014, 515: 540 - 544.

[18] Li W, Shi Y, Chen K F, et al. A comprehensive photonic approach for solar cell cooling[J]. ACS Photonics, 2017, 4(4): 774 - 782.

[19] Angström A K. Effective radiation during the second international polar year[J]. Medde Stat Met Hydrogr Anst, 1936.

[20] Bliss Jr R W. Atmospheric radiation near the surface of the ground: A summary for engineers[J]. Solar Energy, 1961, 5(3): 103 - 120.

[21] Swinbank W C. Long-wave radiation from clear skies[J]. Quarterly Journal of the Royal Meteorological Society, 1963, 89(381): 339 - 348.

[22] Idso S B, Jackson R D. Thermal radiation from the atmosphere[J]. Journal of Geophysical Research, 1969, 74(23): 5397 - 5403.

[23] Staley D Q, Jurica G M. Effective atmospheric emissivity under clear skies[J]. Journal of Applied Meterology, 1972, 11(2): 349 - 356.

［24］ Idso S B. A set of equations for full spectrum and 8～14 μm and 10.5～12.5 μm thermal radiation from cloudless skies［J］. Water Resources Research，1981，17(2)：295 - 304.

［25］ Berdahl P，Fromberg R. The thermal radiance of clear skies［J］. Solar Energy，1982，29(4)：299 - 314.

［26］ Berger X，Buriot D，Garnier F. About the equivalent radiative temperature for clear skies［J］. Solar Energy，1984，32(6)：725 - 733.

［27］ Martin M，Berdahl P. Characteristics of infrared sky radiation in the United States［J］. Solar Energy，1984，33(3 - 4)：321 - 336.

［28］ Sugita M，Brutsaert W. Cloud effect in the estimation of instantaneous downward longwave radiation［J］. Water Resources Research，1993，29(3)：599 - 606.

［29］ Maloney J，Clark D，Mei W N，et al. Measurement of night sky emissivity in determining radiant cooling from cool storage roofs and roof ponds［R］. (1995 - 11 - 01)［2021 - 10 - 11］. http：//citeseerx.ist.psu.edu/viewdoc/download?doi＝10.1.1.500.7057&.rep＝rep1&.type＝pdf.

［30］ Niemelä S，Räisänen P，Savijärvi H. Comparison of surface radiative flux parameterizations［J］. Atmospheric Research，2001，58(1)：1 - 18.

［31］ Lhomme J P，Vacher J J，Rocheteau A. Estimating downward long wave radiation on the Andean Altiplano［J］. Agricultural and Forest Meteorology，2007，145(3 - 4)：139 - 148.

［32］ Tang R S，Etzion Y，Meir I A. Estimates of clear night sky emissivity in the Negev Highlands，Israel［J］. Energy Conversion and Management，2004，45(11 - 12)：1831 - 1843.

［33］ Sicart I E，Hock R，Ribstein P，et al. Sky longwave radiation on tropical Andean glaciers：parameterization and sensitivity to atmospheric variables［J］. Journal of Glaciology，2010，56(199)：854 - 860.

［34］ Zeyghami M，Goswami D Y，Stefanakos E. A review of clear sky radiative cooling developments and applications in renewable power systems and passive building cooling［J］. Solar Energy Materials and Solar Cells，2018，178：115 - 128.

［35］ Zhu L X，Raman A，Fan S H. Color-preserving daytime radiative cooling［J］. Applied Physics Letters，2013，103(22)：223 - 902.

［36］ Rephaeli E，Raman A，Fan S H. Ultrabroadband photonic structures to achieve high-performance daytime radiative cooling［J］. Nano Letters，2013，13(4)：1457 - 1461.

［37］ Hanif M，Mahlia T M I，Zare A，et al. Potential energy savings by radiative cooling system for a building in tropical climate［J］. Renewable and Sustainable Energy Reviews，2014，32：642 - 650.

［38］ Etzion Y，Erell E. Thermal storage mass in radiative cooling systems［J］. Building and Environment，1991，26(4)：389 - 394.

［39］ Evyatar E，Etzion Y. Radiative cooling of buildings with flat-plate solar collectors［J］. Building and environment，2000，35(4)：297 - 305.

［40］ Hossain Md M，Jia B H，Gu M. A metamaterial emitter for highly efficient radiative cooling［J］. Advanced Optical Materials，2015，3(8)：1047 - 1051.

[41] Sun X S, Sun Y B, Zhou Z G, et al. Radiative sky cooling: fundamental physics, materials, structures, and applications[J]. Nanophotonics, 2017, 6(5): 997 – 1015.

[42] Trombe F. Perspectives sur l'utilisation des rayonnements solaires et terrestres dans certaines régions du monde[J]. Rev. Générale Therm., 1967, (6): 1285 – 1314.

[43] Grenier P A. Réfrigération radiative: Effet de serre inverse[J]. Revue de Physique Appliquée, 1979, 14(1): 87 – 90.

[44] Granqvist C G, Hjortsberg A, Eriksson T S. Radiative cooling to low temperatures with selectivity IR-emitting surfaces[J]. Thin Solid Films, 1982, 90(2): 187 – 190.

[45] Lushiku E M, Eriksson T S, Granqvist C G, et al. Radiative cooling to low temperatures with selectively infrared-emitting gases[J]. Solar & Wind Technology, 1984, 1(2): 115 – 121.

[46] Eriksson T S, Lushiku E M, Granqvist C G. Materials for radiative cooling to low temperature[J]. Solar Energy Materials, 1984, 11(3): 149 – 161.

[47] Kimball B A. Cooling performance and efficiency of night sky radiators[J]. Solar Energy, 1985, 34(1): 19 – 33.

[48] Eriksson T S, Jiang S J, Granqvist C G. Surface coatings for radiative cooling applications: Silicon dioxide and silicon nitride made by reactive rf-sputtering[J]. Solar Energy Materials, 1985, 12(5): 319 – 325.

[49] Diatezua D M, Thiry P A, Dereux A, et al. Silicon oxynitride multilayers as spectrally selective material for passive radiative cooling applications[J]. Solar Energy Materials and Solar Cells, 1996, 40(3): 253 – 259.

[50] Gentle A R, Smith G H. Radiative heat pumping from the earth using surface phonon resonant nanoparticles[J]. Nano Letters, 2010, 10(2): 373 – 379.

[51] Lee B T, Paul R K, Lee K H, et al. Synthesis of Si_2N_2O nanowires in porous Si_2N_2O – Si_3N_4 substrate using Si powder[J]. Journal of Materials Research, 2007, 22(3): 615 – 620.

[52] Zou C J, Ren G H, Hossain Md M, et al. Metal-loaded dielectric resonator metasurfaces for radiative cooling[J]. Advanced Optical Materials, 2017, 5(20): 1700460.

[53] Patent U. Covering element screening off the solar radiation for the applications in the refrigeration by radiation[R]. (1982 – 6 – 4)[2021 – 10 – 11]. http://www.freepatentsonline.com/4323619.html.

[54] Nilsson T M J, Niklasson G A, Granqvist C G. Solar-reflecting material for radiative cooling applications: ZnS pigmented polyethylene[J]. Solar Energy Materials and Solar Cells. 1992, 28(2): 175 – 193.

[55] Huang Z F, Ruan X L. Nanoparticle embedded double-layer coating for daytime radiative cooling[J]. International Journal of Heat and Mass Transfer, 2017, 104(8): 890 – 896.

[56] Zhai Y, Ma Y G, David S, et al. Scalable-manufactured randomized glass-polymer hybrid metamaterial for daytime radiative cooling[J]. Science, 2017, 355(6329): 1062 – 1066.

[57] Kou J L, Jurado Z, Chen Z, et al. Daytime radiative cooling using near-black infrared emitters[J]. ACS Photonics, 2017, 4(3): 626 – 630.

[58] Gentle A R, Smith G B. A subambient open roof surface under the mid-summer sun[J]. Advanced Science, 2015, 2(9): 1500119.

[59] Chen Z, Zhu L X, Raman A, et al. Radiative cooling to deep sub-freezing temperatures through a 24 - h day-night cycle[J]. Nature Communications, 2016, 7(1).

[60] Kecebas M A, Menguc M P, Kosar A, et al. Passive radiative cooling design with broadband optical thin-film filters[J]. Journal of Quantitative Spectroscopy and Radiative Transfer, 2017, 198(1): 179 - 186.

[61] Bao H, Yan C, Wang B X, et al. Double-layer nanoparticle-based coatings for efficient terrestrial radiative cooling[J]. Solar Energy Materials and Solar Cells, 2017, 168(1): 78 - 84.

[62] Wu J Y, Gong Y Z, Huang P R, et al. Diurnal cooling for continuous thermal sources under direct subtropical sunlight produced by quasi-Cantor structure[J]. Chinese physics B, 2017, 26(10): 213 - 218.

[63] Smith G B, Gentle A R, Arnold M D, et al. The importance of surface finish to energy performance[J]. Renewable Energy and Environmental Sustainability, 2017, 2: 213.

3　辐射制冷材料与器件

本章详细介绍了辐射体的类型,包括自然辐射体、薄膜基辐射体、纳米颗粒基辐射体和光子辐射体等,概述并分析了各种辐射体的材料、结构和光学特性,并探讨了这些因素对辐射制冷效果的影响。根据辐射制冷技术的基本制冷原理可知辐射体的辐射特性是有效制冷的关键参数之一。历史上,天然材料和合成聚合物是最早利用的辐射制冷材料。之后,各种节能辐射器,包括彩色涂料和功能性薄膜涂层[如一氧化硅(SiO)和氮化硅(Si_3N_4)]辐射器,不断被开发并用于夜间辐射制冷。但是,这些在大气窗口和(或)整个热辐射波段有强烈辐射效应的辐射器对太阳辐射的反射率不高,因此限制了大多数辐射器在白天的应用。随着微(纳)米材料的研究进展,人们设计并制备出了可用于日间辐射制冷的光子结构、纳米掺杂材料和超材料等新材料、结构和器件[1]。本章将总结、分类和讨论用于夜间和日间辐射冷却的常用的、先进的辐射体及器件。

3.1　自然辐射体

辐射制冷效应一般可以用自然现象来说明,如叶片上形成的霜和露水[见图 3-1(a)]。即使在没有达到冰点和露点的情况下,也可以观察到霜和露水在叶片朝向天空的表面形成。此外,一些昆虫可以被动地通过身体外表面给自己降温[2]。撒哈拉蚂蚁的银色外观[见图 3-1(b)和(c)]被发现具有良好的反射太阳光和强烈的红外热辐射特性,使其即使在炎热的沙漠中也能保持较低的体温。通过分析自然辐射体的辐射特性与其特殊结构之间的关系,可研制出一些先进的辐射制冷材料,如仿生材料,这为探索辐射体提供了一条有效的途径。

3.2　薄膜基辐射体

薄膜基辐射体根据材料的不同可以分为高分子薄膜辐射体、有色涂料薄膜辐射体、无机涂料薄膜辐射体等。

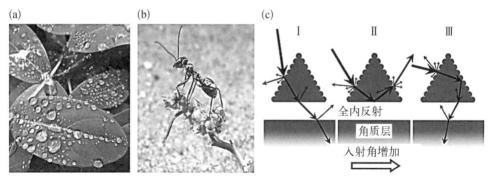

图 3 - 1　自然界中的辐射制冷现象

(a) 叶子上形成的露水;(b) 银蚁照片;(c) 银蚁外表面的反射和辐射特性

3.2.1　高分子薄膜辐射体

多用途聚合物薄膜辐射制冷器被广泛地选择为夜间辐射制冷器。在早期,有三种典型的聚合物材料,聚氟乙烯(PVF 或 Tedlar)[3]、聚氯乙烯(PVC)[4] 和聚甲基戊烯(TPX)[5],由于它们在大气窗口范围内的低反射率和透射率,以及高发射率,被选择作为辐射体材料。对上述三种聚合物薄膜在大气窗口范围内的光谱透射率的比较[6]如图 3 - 2 所示。

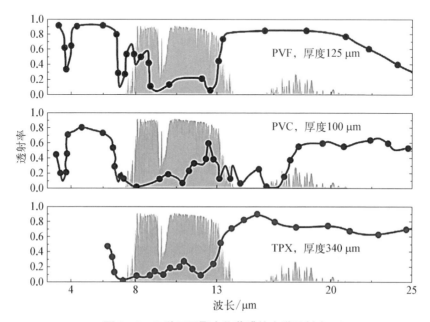

图 3 - 2　三种不同聚合物薄膜的光谱透射率

　　首先提出的是将 PVC 薄膜放置在铝板上用于辐射制冷,实验证明这对实现夜间辐射制冷很有作用。在 20 世纪 70 年代,开发了一种新型聚合物薄膜辐射器。该辐射器是在聚氟乙烯(PVF)薄膜背面覆盖一层蒸发铝。该辐射器在大气窗口范围内的平均发射率为 0.8~0.9,在大气窗口外的平均反射率约为 0.85。该辐射器通过隔热框架和红外透明罩来控制非辐射换热对辐射器的不利影响,不仅可以实现夜间降温,还可以实现在漫射阳光下的日间降温。这种 PVF 基辐射器已经被很多研究者持续开发应用于夜间辐射制冷[7]。

　　近些年来,几种新的聚合物材料,如聚二甲基硅氧烷(PDMS)[8]和聚对苯二甲酸乙二醇酯(PET)[9],也被应用于辐射制冷。铝基上覆 PDMS 薄膜的辐射体在大气窗口范围内可以实现选择性辐射。通过仿真实验发现,在晴朗的夜间,该辐射器可以实现比环境温度低 12 ℃的辐射制冷。在熔硅反射镜上涂覆 PDMS 薄膜可以实现有效的日间辐射制冷[10]。该辐射器日间可被动实现低于环境温度 8.2 ℃的辐射降温,夜间可被动实现低于环境温度 8.4 ℃的辐射降温。此外,通过在传统的选择性吸收剂(钛基)上涂覆 PET 薄膜,开发出的一种名为 TPET 的新型光谱表面,其在太阳光谱和大气窗口范围内均显示出高的吸收率/发射率[9],如图 3-3 所示。

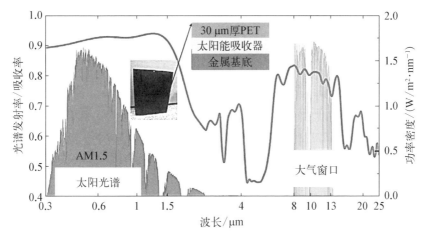

图 3-3　TPET 表面的结构和光谱发射/吸收率

　　所有这些类型的聚合物辐射器在有效辐射制冷应用中均表现出两个典型特征:第一,这些辐射器具有强烈的红外辐射特性,这是辐射制冷的关键因素;第二,这些辐射器均可以实现大规模生产,这是一个非常利于实际应用的特性。然而,在实际应用中,聚合物辐射体仍然存在一些问题:高分子材料易老化,故一般应考虑和估计辐射器的使用寿命,需要对辐射器生命周期进行分析;此外,这些辐射器的机械强度通常较小,因此,在实际应用中其耐久性不足可能成为一个问题。

3.2.2　有色涂料薄膜辐射体

除了聚合物薄膜外,有色涂料也是光谱选择性辐射材料的一个很好的选择。一些材料,如二氧化钛(TiO_2)和硫酸钡($BaSO_4$),通常被用作着色涂料的主要成分[11]。

通过在铝板上涂上一层光学厚度的白色涂料,使其在大气窗口范围内显示出高选择性辐射率[11],在晴朗的夜间和低绝对湿度条件下,该类辐射器可实现低于环境温度近 15 ℃的辐射降温。在镀锌钢板表面使用 TiO_2 涂料,可制造出波长大于 3 μm 的黑体辐射器[12],在同一住宅的屋顶进行了该辐射器的制冷性能评估,当屋顶温度为 5 ℃、环境温度为 10 ℃时,获得了 22 W/m^2 的净制冷功率。随着进一步的探索,有色涂料辐射器这一概念得到了不断的扩展和发展,一些有趣的研究开始关注彩色涂料覆盖层,如聚乙烯上涂覆硫化锌(ZnS)或硒化锌(ZnSe)[13,14]。

从有色涂料的性质来看,有色涂料具有与普通涂料相同的优势,即涂料的适应性,这是实现市场应用的必要条件。上述有色涂料薄膜通常在夜间用于低于环境温度条件下的辐射制冷,因为它们在大气窗口具有高辐射率。如果能显著改善涂料型辐射器的太阳光谱反射性能,则该类辐射器就能实现日间的低于环境温度条件下的辐射制冷,这将大大增加其市场应用的可能性,尤其是应用在节能建筑中。

3.2.3　无机涂料薄膜辐射体

另一种用于辐射制冷的膜基辐射器材料是无机涂料,特别是与硅有关的涂层,如一氧化硅(SiO)、二氧化硅(SiO_2)、碳化硅(SiC)、氮化硅(Si_3N_4)和氮氧硅(SiO_xN_y)。

20 世纪 80 年代,一系列具有选择性辐射性的二氧化硅涂层辐射器被开发出来。抛光铝和银膜等具有高反射率的材料是基材和反射层的最佳选择。如图 3 - 4(a)所示,对不同厚度的二氧化硅涂层辐射器在大气窗口范围内的辐射特性进行了分析和比较。当二氧化硅薄膜厚度约为 1 μm 时,辐射器的制冷效应达到最优值,能够实现低于环境温度 14 ℃辐射降温。

值得注意的是,二氧化硅(SiO_2)是一种特殊的、性能卓越的辐射制冷材料,因此得到了广泛的研究和应用。SiO_2 材料的光学性质如图 3 - 5 所示。从图中可以得到两个重要信息。首先,SiO_2 材料的消光系数在整个太阳辐射波段为零,说明 SiO_2 材料对于太阳辐射是物理透明的,这是实现日间低于环境温度的辐射制冷的完美特征之一。其次,SiO_2 材料的消光系数在波长为 10 μm 和 20 μm 处分别有一个强峰,在这两个强峰处存在声子-极化子共振的特殊效应。对于包括涂层在内的块体材料,SiO_2 材料和空气之间界面处的强阻抗失配在这两个波段附近产生,从而使界面具有较大的反射率[见图 3 - 5(b)],并对热辐射增强产生负作用。然而,薄的 SiO_2 涂层对红外辐射呈现半透明状态。因此,SiO_2 的两种典型应用,包括薄膜和

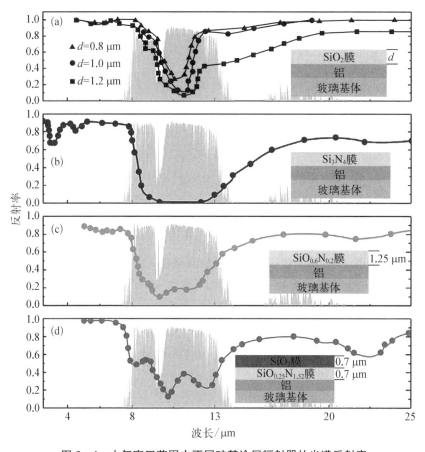

图 3 - 4　大气窗口范围内不同硅基涂层辐射器的光谱反射率

（a）不同 SiO_2 膜厚度时的光谱反射率；（b）涂层为 Si_3N_4 膜时的光谱反射率；（c）涂层为 $SiO_{0.6}N_{0.2}$ 膜时的光谱反射率；（d）涂层为 SiO_2 膜和 $SiO_{0.25}N_{1.52}$ 复合膜时的光谱反射率 ［图(d)所示的光谱反射率剖面是在 45°的固定入射角下计算的］

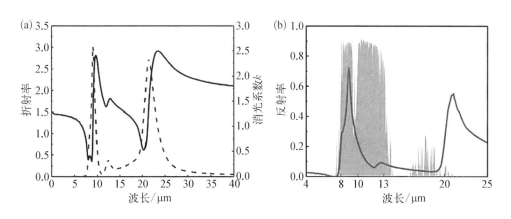

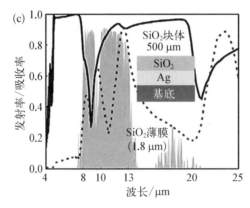

图 3 - 5　SiO₂ 材料的光学性质

（a）SiO₂的折射率和消光系数；（b）SiO₂薄膜的光谱反射率；（c）不同 SiO₂组合辐射体的光谱发射率

块体材料，都被开发用于辐射制冷。图 3 - 5(c)计算了两种分别装配了 $1.8\ \mu m$ 厚的 SiO₂薄膜和 $500\ \mu m$ 厚的 SiO₂块体的辐射体的光谱发射率[15-18]。

除了硅基涂料外，还有许多特殊用途的无机涂料可用于辐射制冷。例如，氧化镁(MgO)和氟化锂(LiF)作为低于环境温度的辐射制冷器的辐射体也具有很大的应用潜力。

3.3　纳米颗粒基辐射体

与块体材料相比，纳米颗粒材料的光学特性可能略有不同。例如，SiO₂块体的声子-极化子共振能产生强反射峰；而相比之下，这种效应可被 SiO₂粒子诱导为显著的吸收，对应于强发射。因此，以纳米颗粒为基础的辐射体是有效辐射制冷材料的候选者之一。

一种高度可调节的纳米颗粒基双层涂层辐射器如图 3 - 6(a)所示，它具有选择性辐射制冷特性。该辐射器主要由顶部反射层和底部发射层组成，分别由 TiO₂纳米粒子和 SiO₂或 SiC 纳米粒子组成，用于反射太阳辐射和向外太空散发热量。就冷却性能而言，在干燥的环境下，理论上可以分别在夜间和日间实现比环境温度低 $17\ ℃$ 和 $5\ ℃$ 的辐射降温。图 3 - 6(b)所示为一种将 TiO₂和碳纳米颗粒埋入丙烯酸树脂中形成双层涂层的辐射器。

一些聚合物，如聚甲基戊烯(TPX)和低密度聚乙烯(LDPE)，对太阳辐射是光学透明的。如果将在大气窗口范围内只有狭窄吸收带的纳米颗粒掺杂到这些聚合物中，那么大气窗口范围内的热辐射将会增强，同时仍能保持对太阳辐射的透明度。图 3 - 7(a)所示为一种掺杂纳米颗粒的 PE 薄膜辐射器。该辐射器在聚乙烯薄膜中

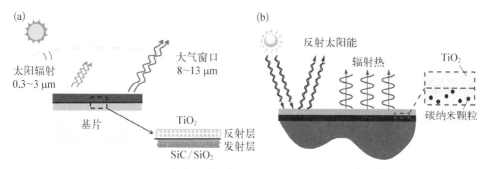

图 3-6 两种典型的纳米颗粒基双层涂层辐射器[19,20]

(a) 双层涂层由 TiO₂ 纳米粒子和 SiO₂ (或 SiC)纳米粒子组成;
(b) 双层涂层由 TiO₂ 纳米粒子和碳纳米颗粒组成

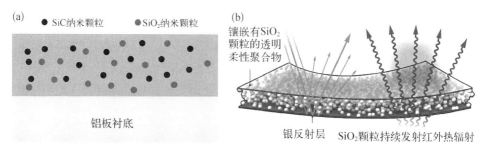

图 3-7 两种典型的纳米颗粒掺杂聚合物辐射器[21,22]

(a) 掺杂纳米颗粒的 PE 薄膜辐射器;(b) 新型超材料辐射器

掺杂 SiC 和 SiO₂ 纳米颗粒的混合物,底部衬以反射层(例如铝板),可以确保器件低成本的高性能制冷。图 3-7(b)所示为一种用于辐射制冷的新型超材料,该材料以银作为背板,随机将谐振极性介电 SiO₂ 颗粒嵌入 TPX 基质中。这种超材料对太阳辐射完全透明,同时在大气窗口范围内具有强烈的热辐射,日净冷却功率可达 93 W/m²。

纳米粒子辐射体是一种新型的辐射制冷材料,尤其适用于低于环境温度的日间辐射制冷,其具有严格的光谱选择特性,包括对太阳辐射的高反射率和在大气窗口范围内的强热发射。一般情况下,对太阳辐射的高反射率是通过反射层来获得的,反射层可以沉积银层、TiO₂ 粒子等。发射层采用近黑色表面或粒子掺杂聚合物,可以实现强烈的热发射。

3.4 光子辐射体

随着先进设计和制造技术的出现,光子材料已迅速发展为有效的辐射制冷器,特别适用于低于环境温度的日间辐射制冷。光子方法通过适当的周期结构,包括多层膜和图形化表面,促进了对辐射器光谱辐射特性的修改,巧妙地提供了提高辐射制冷效果的各种可能性。

3.4.1 多层膜

多层膜是一种典型的一维光子晶体,由介电常数不同的材料交替组成。低于
环境温度的日间辐射制冷首先由拉曼等人在直接阳光照射下通过多层膜实验实现
的。如图 3-8 所示,该多层膜由 7 层不同厚度的 SiO_2 和二氧化铪(HfO_2)交替构
成,位于 200 nm 的银层和 750 μm 的硅片衬底之上,反射约 97% 的入射太阳辐射,
同时发出强烈的热辐射。该辐射器即使在寄生冷却损失过程中,也可以获得低于
环境温度 5 ℃的日间辐射制冷效果,获得约 40.1 W/m^2 的净冷却功率。

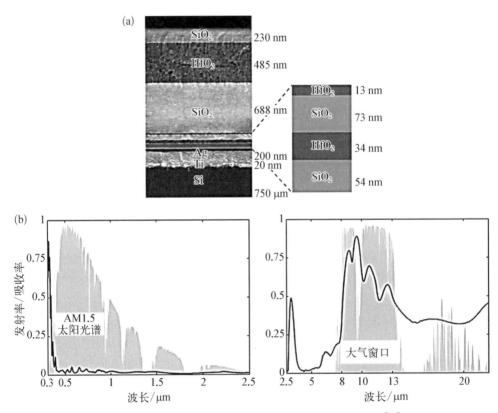

图 3-8 光子辐射体的电子显微镜扫描结构和光谱特征[23]

(a) 多层膜的结构;(b) 光子辐射体的光谱发射率

Kecebas 等人用 TiO_2 和氧化铝(Al_2O_3)代替 HfO_2,对上述多层膜进行了改
进。该新型光子辐射体的结构图如图 3-9 所示。在结构 II 中使用的 Al_2O_3,由于
其固有的物理吸收性,可大大地提高辐射体的热辐射能力,与之类似的多层膜已被
广泛用于辐射制冷。

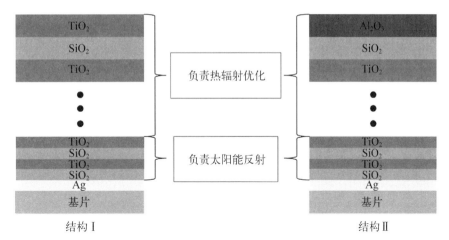

图 3-9 改进的多层膜结构示意图[24]

对于多层膜,层数和层厚是光谱剪裁的重要参数。从理论角度来看,多层膜的设计和优化有多种经典方法,如针法优化、模拟退火、跳跃法、模因算法等。一些用于实际应用的商业工具已经被开发用于多层膜的设计和优化。此外,许多技术也被用于多层膜制造,如溅射、原子层沉积等技术。然而,在多层膜制备过程中,无法消除单层的厚度误差,这将降低多层膜的优化光学性能,特别是对厚度敏感的多层膜。因此,具有适当层数和层厚的多层膜将在实际应用中受到欢迎。

3.4.2 图形化表面

除了多层膜,图形化表面也已经被开发作为光子辐射体,实现有效的辐射制冷。与多层膜相比,图形化表面具有较高的自由度,这是一个很具优势的特征,可用于裁剪辐射体表面的光谱选择性。

通过使用一种耐热石英纳米结构来实现日间辐射制冷效果的方法示意图,如图 3-10 所示。在原始结构的顶部放置了一系列的石英棒,它对太阳辐射是透明的,且在大气窗口范围内保持强辐射,从而导致温度降低。通过这种方法,可以在保持原有颜色的同时实现大幅度的降温,这对于各种潜在的应用,如户外制冷技术,都是一个有意义的工具。此外,还有研究者提出了另外两种图形化表面,它们几乎在整个中红外波段都有强烈的热发射,同时保持其对太阳辐射的透明度,具体结构如图 3-11 所示。上述基本原型是一个 SiO_2 块体材料,它在波长为 $10~\mu m$ 和 $20~\mu m$ 附近分别有两个主要的声子-极化激子共振,对应于其表面的小发射率和大反射率。然而,在典型的环境温度下,$10~\mu m$ 附近的小发射率与黑体热辐射峰值重合,这肯定会对辐射冷却产生负面影响。因此,两种纳米微结构,气孔和金字塔状,被开发用于 SiO_2 块体以修正这一缺陷。与金字塔结构类似,有研究人员基于氧化

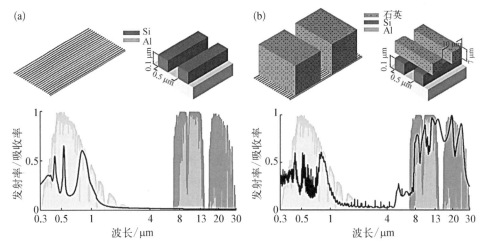

图 3－10　使用耐热石英纳米结构实现日间辐射制冷的原理图

（a）使用硅纳米结构作为色彩生成器的原始结构示意图；（b）用于强热辐射的结构示意图[25]

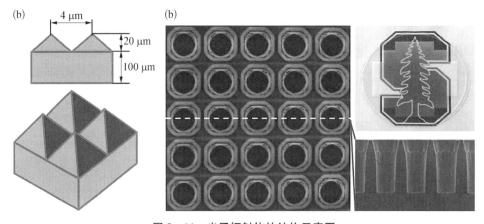

图 3－11　光子辐射体的结构示意图

（a）SiO₂块体上覆二维锥形晶格组成光子辐射体示意图；
（b）在 SiO₂块体上利用方形晶格气孔组成光子辐射体示意图[26,27]

铝/二氧化硅全介电多层微金字塔结构阵列的蛾眼效应，提出了一种新型光子辐射体，可在 8～26 μm 波长范围内实现极低的太阳辐射吸收和强烈的热辐射。

多层膜与图形化表面相结合也是辐射制冷器设计的一种有效方法。图 3－12(a)所示为一种利用双层二维图形化表面（用于热辐射）和啁啾多层结构（用于太阳反射）组合设计的具有高发射率的光谱选择性辐射体。图 3－12(b)所示为利用一组对称形状的圆锥形超材料柱组成的特殊图形表面（SEM 图像），每个柱由铝和锗多层结构组成，在 8～13 μm 波长范围内可实现理想的热辐射。

光子辐射体以其独特的能力，能够对辐射体的光谱特性进行调整，以实现有效

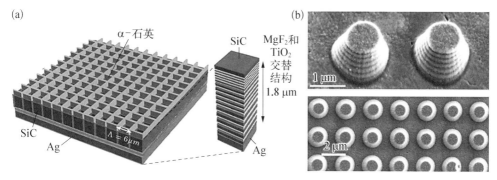

图 3 - 12 图形化表面与多层膜结构组合辐射体

（a）双层二维图形化表面和啁啾多层组合结构设计；
（b）由一组对称形状的圆锥形超材料柱组成的光子辐射体的 SEM 图像[28,29]

的日间辐射制冷,成为辐射冷却领域的研究热点,推动了低于环境温度辐射制冷技术的发展。然而,光子辐射体的应用仍然存在一些挑战。光子辐射体,特别是三维辐射体的制造工艺要求很高,因此,光子辐射器的成本问题是实际应用中的一大难题。此外,受工艺和设备的限制,目前还难以实现大规模生产光子辐射体。因此,光子辐射体还处于早期发展阶段,局限于实验室的研究和探索。

3.5 小结

表 3 - 1 列出了以往研究中用于有效辐射的不同辐射器的结构、材料和辐射特性,并按辐射器的设计目的和工作模式的特定次序加以总结,以供读者参考和比较。

表 3 - 1 辐射器的结构、材料和辐射性能[1]

数据来源	结构/材料	辐 射 性 能
文献[28]	有机玻璃	—
文献[30]	见图 3 - 4(a)	图 3 - 4(a)
文献[31]	自然界的树叶	—
文献[32]	乙烯气体	—
文献[33]	环氧乙烷气体、氨气	—
文献[16]	见图 3 - 4(b)	图 3 - 4(b)
文献[17]	见图 3 - 4(c)(d)	图 3 - 4(c)(d)
文献[9]	见图 3 - 3	图 3 - 3
文献[34]	用于太阳能收集器的玻璃	半球发射率约为 0.84

（续表）

数据来源	结构/材料	辐射性能
文献[35]	聚碳酸酯	红外辐射率约为 0.95
文献[36]	PVF Al 基片	8~13 μm 波段内的反射率为 0.1~0.2， 8~13 μm 波段外的反射率约为 0.85
文献[11]	TiO$_2$涂料 Al板	—
文献[37]	黑色涂料 Al板	球形发射率在 0.8~0.9 之间
文献[15]	MgO LiF 金属反射器	8~14 μm 波段内的辐射率约为 0.9
文献[38]	黑色搪瓷 低碳钢	半球发射率约为 0.9
文献[39]	白漆 金属反射器	8~13 μm 波段内的辐射率约为 0.9
文献[40]	SiO$_2$ SiO$_{1.5}$N$_{0.42}$ SiO$_{0.42}$N$_{1.58}$ MgO Al 玻璃	8~13 μm 波段内的辐射率约为 0.77
文献[41]	SiO V$_1$W$_x$O$_2$ 黑色基底	—
文献[21]	见图 3-7(a)	

（续表）

数据来源	结构/材料	辐射性能
文献[29]	见图 3 - 12(b)	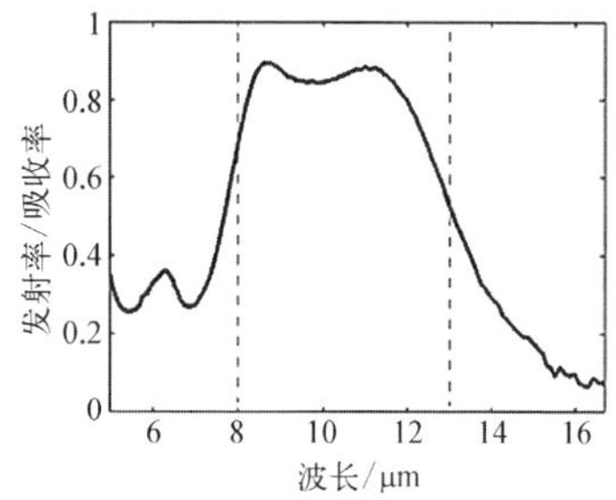
文献[42]	Si_2N_2O 涂层	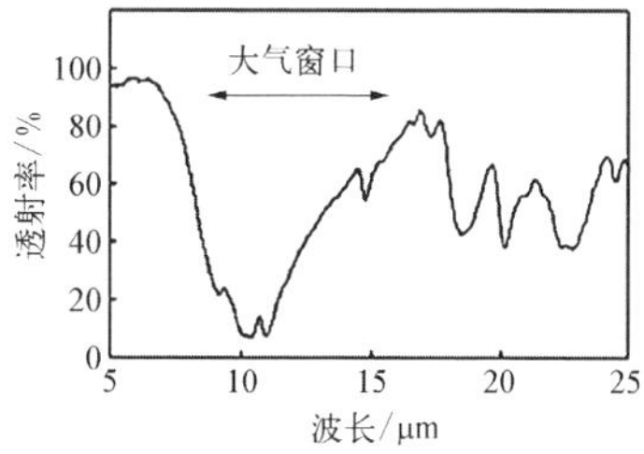
文献[8]	 PDMS / Al基体 / SiC掺杂PDMS / Al基体	8～13 μm 波段内的辐射率约为 0.7～0.9
文献[43]	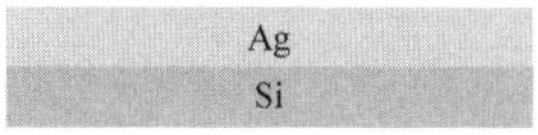 Ag / Si	8～13 μm 波段内的辐射率约为 0.85
文献[23]	见图 3 - 8(a)	图 3 - 8(b)(c)
文献[44]	多双折射聚合物对	太阳反射率为 0.97，在 8～13 μm 波段内的发射率约为 0.96
文献[24]	见图 3 - 9	—
文献[28]	见图 3 - 12(a)	在 8～13 μm 波段内，太阳反射率约为 0.96，发射率选择性较高
文献[45]	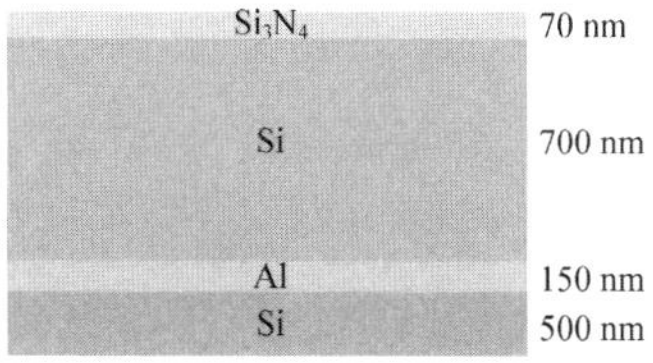 Si_3N_4 70 nm / Si 700 nm / Al 150 nm / Si 500 nm	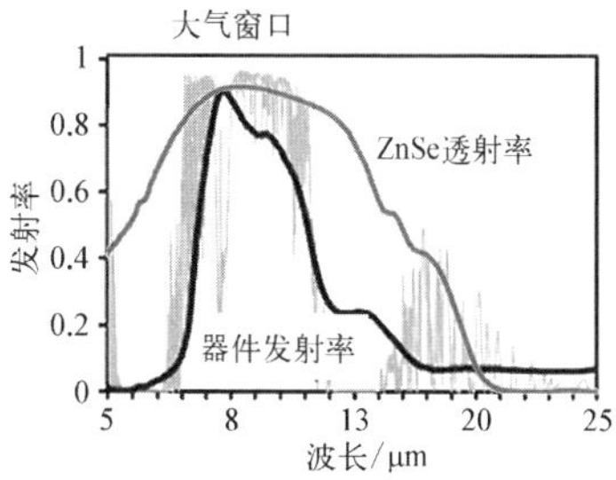

（续表）

数据来源	结构/材料	辐射性能
文献[46]	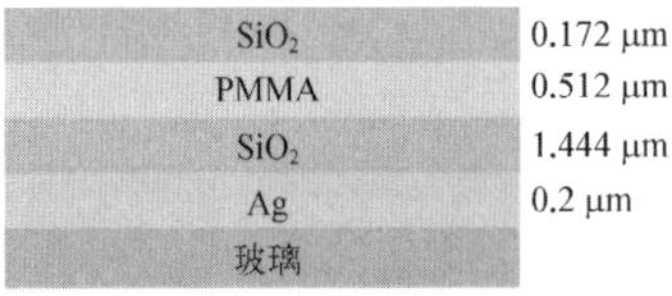SiO_2 0.172 μm PMMA 0.512 μm SiO_2 1.444 μm Ag 0.2 μm 玻璃	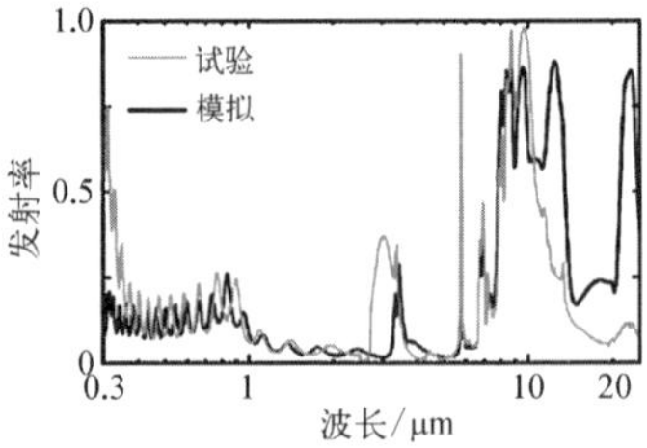试验 模拟 发射率 波长/μm
文献[20]	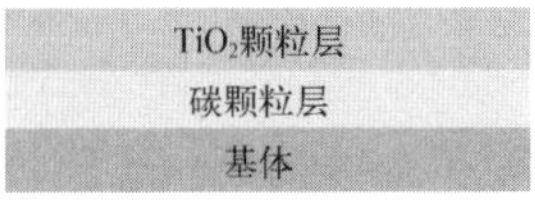TiO_2颗粒层 碳颗粒层 基体	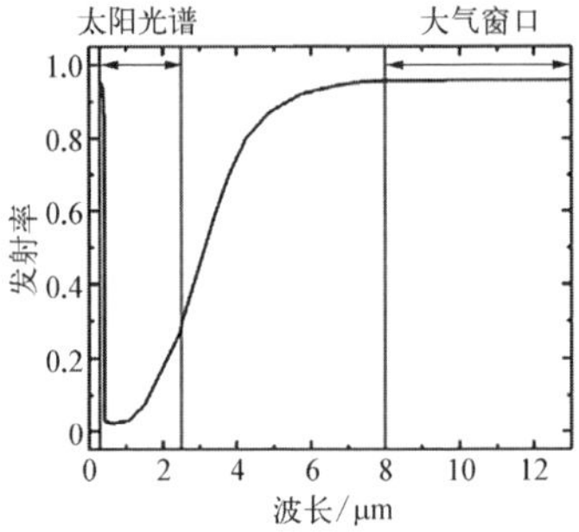太阳光谱 大气窗口 发射率 波长/μm
文献[19]	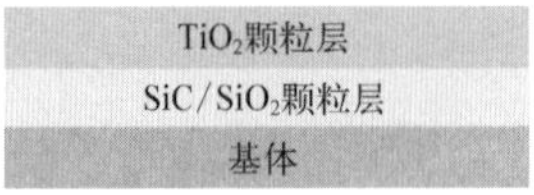TiO_2颗粒层 SiC/SiO_2颗粒层 基体	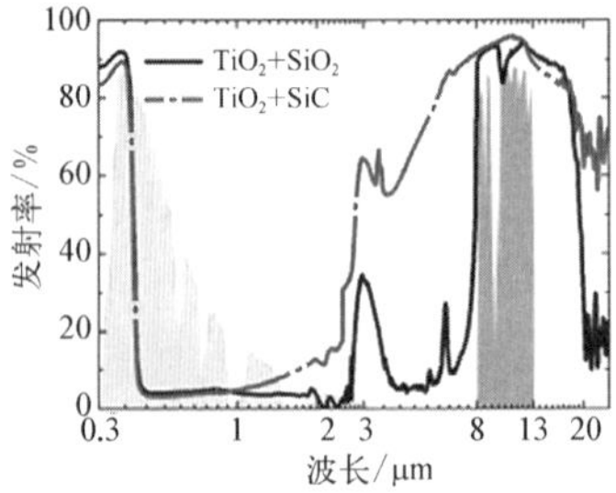TiO_2+SiO_2 TiO_2+SiC 发射率/% 波长/μm
文献[47]	见图 3－7(b)	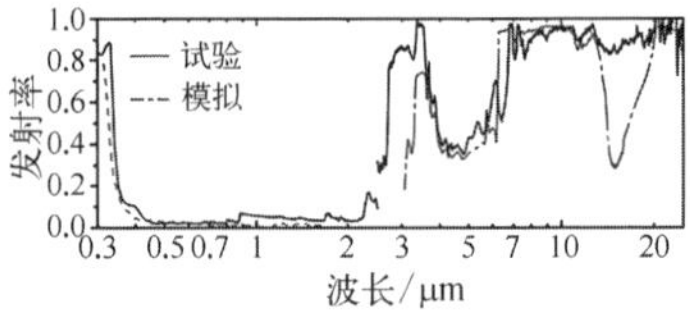试验 模拟 发射率 波长/μm
文献[48]	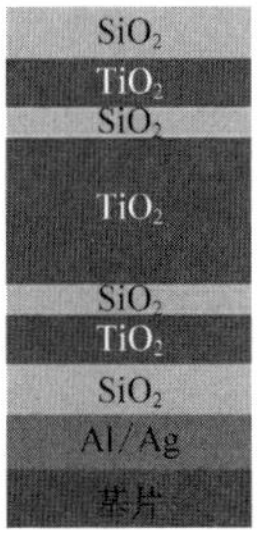SiO_2 TiO_2 SiO_2 TiO_2 SiO_2 TiO_2 SiO_2 Al/Ag 基片	强太阳反射率，在 8～13 μm 波段内具有选择性发射率

（续表）

数据来源	结构/材料	辐 射 性 能
文献[49]		$8\sim30~\mu m$ 波段内近黑体
文献[50]		强太阳反射率,在 $8\sim13~\mu m$ 波段内平均发射率大于 0.94
文献[51]		太阳反射率为 0.96 ± 0.03,热发射率为 0.97 ± 0.02
文献[25]	见图 3-11(b)	在中红外波段有强烈的热发射
文献[26]	见图 3-12(a)	在中红外波段内近黑体
文献[27]	见图 3-12(b)	在中红外波段内近黑体
文献[52]		
文献[53]		

（续表）

数据来源	结构/材料	辐 射 性 能
文献[54]	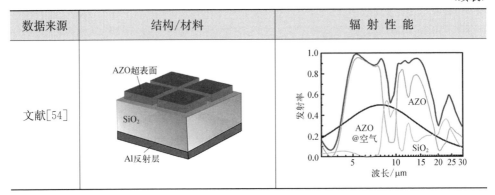	

参 考 文 献

［1］ Zhao B, Hu M K, Ao X Z, et al. Radiative cooling: A review of fundamentals, materials, applications, and prospects[J]. Applied Energy, 2019, 236: 489 – 513.

［2］ Whiteman J P, Harlow H J, Durner G M, et al. Summer declines in activity and body temperature offer polar bears limited energy savings[J]. Science, 2015, 349(6245): 295 – 298.

［3］ Addeo A, Monza E, Peraldo M, et al. Selective covers for natural cooling devices[J]. IL Nuovo Cimento C, 1978, 1(5): 419 – 429.

［4］ Trombe F. Perspectives sur l'utilisation des rayonnements solaires et terrestres dans certaines régions du monde[J]. Rev Gen Therm, 1967, (6): 1285.

［5］ Ph Grenier. Réfrigération radiative effet de serre inverse[J]. Revue de Physique Appliquée, 1979, 14(1): 87 – 90.

［6］ Granqvist C G, Hjortsberg A. Radiative cooling to low temperatures: General considerations and application to selectively emitting SiO films[J]. Journal of Applied Physics, 1981, 52(6): 4205 – 4220.

［7］ Landro B, Mccormick P G. Effect of surface characteristics and atmospheric conditions on radiative heat loss to a clear sky[J]. International Journal of Heat and Mass Transfer, 1980, 23(5): 613 – 620.

［8］ Czapla B, Srinivasan A, Yin Q, et al. Potential for passive radiative cooling by PDMS selective emitters[C]//Washington, USA: ASME 2017 Heat Transfer Summer Conference, 2017.

［9］ Hu M K, Pei G, Wang Q L, et al. Field test and preliminary analysis of a combined diurnal solar heating and nocturnal radiative cooling system[J]. Applied Energy, 2016, 179(11): 899 – 908.

［10］ Kou J L, Jurado Z, Chen Z, et al. Daytime radiative cooling using near-black infrared emitters [J]. ACS Photonics, 2017, 4(3): 626 – 630.

[11] Harrison A W. Radiative cooling of TiO₂ white paint[J]. Solar Energy, 1978, 20(2): 185 - 188.

[12] Michell D, Biggs K L. Radiation cooling of buildings at night[J]. Applied Energy, 1979, 5(4): 263 - 275.

[13] Nilsson T M J, Niklasson G A, Granqvist C G. Solar-reflecting material for radiative cooling applications: ZnS pigmented polyethylene[J]. Solar Energy Materials and Solar Cells, 1992, 28(2): 175 - 193.

[14] Nilsson T M J, Niklasson G A. Radiative cooling during the day: Simulations and experiments on pigmented polyethylene cover foils[J]. Solar energy materials and solar cells, 1995, 37(1): 93 - 118.

[15] Berdahl P. Radiative cooling with MgO and/or LiF layers[J]. Applied Optics, 1984, 23(3): 370 - 372.

[16] Granqvist C G, Hjortsberg A, Eriksson T. Radiative cooling to low temperatures with selectivity IR-emitting surfaces[J]. Thin Solid Films, 1982, 90(2): 187 - 190.

[17] Eriksson T S, Granqvist C G. Infrared optical properties of electron-beam evaporated silicon oxynitride films[J]. Applied Optics, 1983, 22(20): 3204.

[18] Eriksson T S, Jiang S J, Granqvist C G. Surface coatings for radiative cooling applications: Silicon dioxide and silicon nitride made by reactive rf-sputtering[J]. Solar Energy Materials, 1985, 12(5): 319 - 325.

[19] Bao H, Yan C, Wang B X, et al. Double-layer nanoparticle-based coatings for efficient terrestrial radiative cooling[J]. Solar Energy Materials and Solar Cells, 2017, 168(1): 78 - 84.

[20] Huang Z F, Ruan X L. Nanoparticle embedded double-layer coating for daytime radiative cooling[J]. International Journal of Heat and Mass Transfer, 2017, 104: 890 - 896.

[21] Gentle A R, Smith G B. Radiative heat pumping from the earth using surface phonon resonant nanoparticles[J]. Nano Letters, 2010, 10(2): 373 - 379.

[22] Xie Y. It's whom you know that counts[J]. Science, 2017, 355(6329): 1022 - 1023.

[23] Raman A P, Anoma M A, Zhu L X, et al. Passive radiative cooling below ambient air temperature under direct sunlight[J]. Nature, 2014, 515(7528): 540 - 544.

[24] Kecebas M A, Menguc M P, Kosar A, et al. Passive radiative cooling design with broadband optical thin-film filters[J]. Journal of Quantitative Spectroscopy and Radiative Transfer, 2017, 198: 179 - 186.

[25] Zhu L X, Raman A, Fan S H. Color-preserving daytime radiative cooling[J]. Applied Physics Letters, 2013, 103(22): 223902.

[26] Zhu L X, Raman A, Wang K X, et al. Radiative cooling of solar cells[J]. Optical, 2014, 1(1): 32 - 38.

[27] Zhu L X, Raman A P, Fan S H. Radiative cooling of solar absorbers using a visibly transparent photonic crystal thermal blackbody[J]. Proceedings of the National Academy of Sciences, 2015, 112(40): 12282 - 12287.

[28] Rephaeli E, Raman A, Fan S H. Ultrabroadband photonic structures to achieve high-performance daytime radiative cooling[J]. Nano Letters, 2013, 13(4): 1457 - 1461.

[29] Hossain Md M, Jia B H, Gu M. A metamaterial emitter for highly efficient radiative cooling[J]. Advanced Optical Materials, 2015, 3(8): 1047 - 1051.

[30] Granqvist C G. Radiative heating and cooling with spectrally selective surfaces[J]. Appl Opt, 1981, 20(15): 2606 - 2615.

[31] Matsui T, Eguchi H, Mori K. Control of dew and frost formations on leaf by radiative cooling [J]. Seibutsu kankyo chosetsu. Environment control in biology, 2010, 19(2): 51 - 57.

[32] Hjortsberg A, Granqvist C G. Radiative cooling with selectively emitting ethylene gas[J]. Applied Physics Letters, 1981, 39(6): 507 - 509.

[33] Lushiku E M, Eriksson T S, Hjortsberg A. Radiative cooling to low temperatures with selectively infrared-emitting gases[J]. Solar and Wind Technology, 1984, 1(2): 115 - 121.

[34] Dan P D, Chinnappa J C V. The cooling of water flowing over an inclined surface exposed to the night sky[J]. Solar and Wind Technology, 1989, 6(1): 41 - 50.

[35] Etzion Y, Erell E. Low-cost long-wave radiators for passive cooling of buildings [J]. Architectural Science Review, 2011, 42(2): 79 - 85.

[36] Catalanotti S, Cuomo V, Piro G, et al. The radiative cooling of selective surfaces[J]. Solar Energy, 1975, 17(2): 83 - 89.

[37] Ito S, Miura N. Studies of radiative cooling systems for storing thermal energy[J]. Journal of Solar Energy Engineering, 1989, 111(3): 251 - 256.

[38] Ezekwe C I. Performance of a heat pipe assisted night sky radiative cooler[J]. Energy Conversion and Management, 1990, 30(4): 403 - 408.

[39] Berdahl P. Comments on radiative cooling efficiency of white pigmented paints[J]. 1995, 54(3): 203.

[40] Diatezua M D, Thiry P A, Caudano R. Characterization of silicon oxynitride multilayered systems for passive radiative cooling application[J]. Vacuum, 1995, 46(8 - 10): 1121 - 1124.

[41] Tazawa M, Ping J, Tanemura S. Thin film used to obtain a constant temperature lower than the ambient[J]. Thin Solid Films, 1996, 281 - 282: 232 - 234.

[42] Miyazaki H, Okada K, Jinno K, et al. Fabrication of radiative cooling devices using Si_2N_2O nano-particles[J]. Journal of the Ceramic Society of Japan, 2016. 124(11): 1185 - 1187.

[43] Zou C J, Ren G H, Hossain Md M, et al. Metal-loaded dielectric resonator metasurfaces for radiative cooling[J]. Advanced Optical Materials, 2017, 5(20): 1700460.

[44] Gentle A R, Smith G B. A subambient open roof surface under the mid-summer sun[J]. Advanced Science, 2015, 2(9): 1500119.

[45] Chen Z, Zhu L X, Raman A, et al. Radiative cooling to deep sub-freezing temperatures through a 24 h day-night cycle[J]. Nature Communications, 2016, 7: 13729.

[46] Suichi T, Ishikawa A, Hayashi Y, et al. Structure optimization of metallodielectric multilayer for high-efficiency daytime radiative cooling[C]. San Diego, USA: Society of Photo-optical Instrumentation Engineers Proceedings, 2017.

[47] Zhai Y, Ma Y D, David S, et al. Scalable-manufactured randomized glass-polymer hybrid metamaterial for daytime radiative cooling[J]. Science, 2017, 335(6329): 1062.

［48］ Wu J Y，Gong Y Z，Huang P R，et al. Diurnal cooling for continuous thermal sources under direct subtropical sunlight produced by quasi-Cantor structure［J］. Chinese Physics B，2017，26(10)：213 – 218.

［49］ Wu D，Liu C，Xu Z H，et al. The design of ultra-broadband selective near-perfect absorber based on photonic structures to achieve near-ideal daytime radiative cooling［J］. Materials and Design，2018，139：104 – 111.

［50］ Atiganyanun S，Plumley J，Han S J，et al. Effective radiative cooling by paint-format microsphere-based photonic random media［J］. ACS Photonics，2018，5(4)：1181 – 1187.

［51］ Mandal J，Hu Y K，Overvig A C，et al. Hierarchically porous polymer coatings for highly efficient passive daytime radiative cooling［J］. Science，2018，362(6412)：315 – 319

［52］ Lu Y H，Chen Z C，Ai L，et al. A universal route to realize radiative cooling and light management in photovoltaic modules［J］. Solar RRL，2017，1(10)：1700084.

［53］ Li W，Shi Y，Chen K F，et al. A comprehensive photonic approach for solar cell cooling［J］. ACS Photonics，2017，4(4)：774 – 782.

［54］ Sun K，Riedel C A，Wang Y D，et al. Dataset for metasurface optical solar reflectors using AZO transparent conducting oxides for radiative cooling of spacecraft［J］. ACS Photonics，2018，5(2)：495 – 501.

4 辐射制冷技术的现有应用

目前,虽然许多辐射制冷材料已经被发现具有非常吸引人的光谱特性,但由于还存在除材料之外的其他问题,使得没有多少可靠的制冷系统可用于实际。由于辐射制冷的辐射能量密度低,因此辐射冷却应用面临的最大挑战之一是该技术在工程实际中的大规模系统应用。在建造辐射制冷设备和系统时需要考虑的其他问题,包括系统配置和控制、系统终端的冷却负荷概况、天气条件的影响,以及系统成本和回收期。

本章主要介绍现有的辐射制冷技术的应用以及那些目前正在进行的应用探索,详细讨论了一些潜在的应用领域,如建筑物和太阳能电池的冷却、露水收集和发电厂的辅助冷却等。

4.1 辐射制冷技术在建筑物中的应用

建筑物消耗的能源是我国能源消费的重要组成部分,其中大部分能源均用于供暖、通风和空调系统。将辐射制冷技术应用于建筑物中,既能降低能耗,又能进一步减少二氧化碳排放,助力节能事业。

将辐射制冷技术整合到建筑行业的首批应用之一可以追溯到大约60年前,当时美国的一些实验单层建筑在夏季夜晚通过拆除隔热层建造一个"屋顶池塘"的方式进行长波辐射降温。这种系统被称为"可移动的降温系统",其主要缺点是在机械装置安装过程中需要移动和更换笨重的绝缘板[1]。在随后的几十年里,大量的研究对夜间辐射降温技术在建筑物中的应用进行了研究。根据热交换介质的不同,辐射降温系统可分为水基系统和空气基系统。此外,研究人员还研究了一种新型混合系统,即在不同的气候条件下,可以实现单独供热或作为传统冷却系统的补充。

4.1.1 水基系统

水基系统就是利用水作为传热流体来实现所需的冷却的降温系统。

以屋顶池塘系统为代表的开放式水基系统广泛应用于干旱地区。如图4-1所示,该系统由屋顶上的浅水池和机械通风系统组成,可吸收建筑内部的热量,通过辐射和蒸发将热量传递到建筑物周围的散热器中。虽然屋顶池塘可以实现有效的被动冷却,但仍有几个关键问题限制了这个系统的广泛应用。首先,该系统要求周围空气的温度低于20 ℃。其次,建筑物的屋顶需是防水的,它们需要额外的200～400 kg/m² 的结构强度来支撑这一屋顶。最后,该系统还要兼顾美观、冬季保温功能和易于维护。

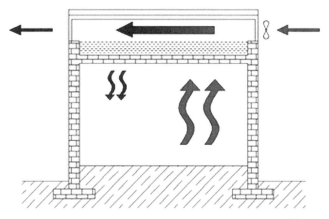

图 4‑1　带有机械通风装置的屋顶池塘系统示意图[2]

热载体(水)流经嵌入平板冷却散热器中的管道进而降温的系统称为封闭水系统。该系统通常包括一块辐射板、一个绝缘水箱和一个热泵。图 4‑2 所示为封闭水系统的简化示意图。

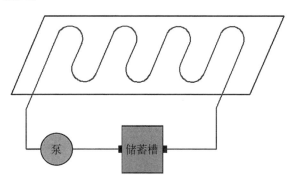

图 4‑2　典型封闭水系统示意图

一般而言,水基系统通过夜间辐射储存能量,为白天提供冷水降温。建筑物的散热经历了两个热传递过程,首先建筑物的热量被传递给循环水,循环水又通过散热器将热量散发到天空。然而,由于冷水并没有得到充分地冷冻,因此获得较低的室内温度和追求较高的冷却强度是相互矛盾的,这也限制了该技术的应用。

4.1.2　空气基系统

在以空气为传热流体的系统中,空气在进入建筑物内部之前,通过安装在屋顶上的散热器驱动流动或在由风扇驱动的冷却屋顶的表面下流动,或由于浮力效应自然流动,从而在夜间提供瞬时冷却。图4-3所示为一种住宅夜间降温新概念的原理示意图。该系统使用了一个密封的阁楼,屋顶由金属覆盖,屋顶选择性地与阁楼区域连接或分离,并辅以一个基于干燥剂的除湿系统和一台空调,平均每个晚上可以实现5～10 W/m² 的辐射制冷功率。

图4-3　新型夜间制冷概念示意图[3]

基于空气的冷却系统结构非常简单,成本也很低廉,但其散热器必须有一个狭窄的空气通道和一个大的表面积,以最大限度地增加与空气的热接触面。然而,通常情况下,与风扇相比,该系统冷却收益是有限的,冷却表现不佳。此外,这种系统只能在独立式住宅或在复式及多层建筑的最后一层使用,因此其在建筑领域的应用有局限性。

4.1.3　复合系统

为了更好地开发利用空调制冷资源,在采用夜间散热器抽热系统的基础上,研究人员开发出了各种新型系统。

可用于制冷和发电的光伏光热(PVT)集热器是混合系统的典型代表之一[4]。大型PVT模块被开发并应用于零能耗建筑。这些模块采用相变材料(PCM),具有天花板再生和冷却储水箱的双重功能,储水箱在白天用作冷冻机的散热器。将PVT系统和PCM系统集成在同一个太阳能住宅中,可构成一种新型的天花板通风系统。该系统分别利用白天的太阳辐射和夜间的大气辐射,在冬季和夏季运行[5]。在夏季夜间,面板通过向穹顶发射辐射,从流经 PVT 平板的空气中提取热量(见图 4-4),这使得出口空气的温度比进口空气的温度低 3 ℃[6]。由于夜间辐射是间歇性的,能量密度相对较低,但与 PVT 平板集成的 PCM 作为一种很有前途的蓄热介质,可以提供有效利用冷却资源的补充方案。

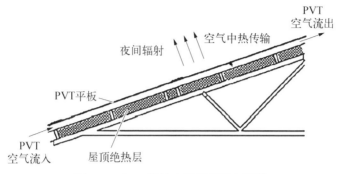

图 4-4 PVT 模块夜间运行示意图[5]

利用夜间辐射制冷和蒸发冷却可以构成复合冷却系统。如图 4-5 所示为这一复合冷却系统的原理图,图中分别提供了两种蒸发冷却方法:直接蒸发冷却[见图 4-5(a)]和间接蒸发冷却[图 4-5(b)]。在两个系统的第一级,室外热空气

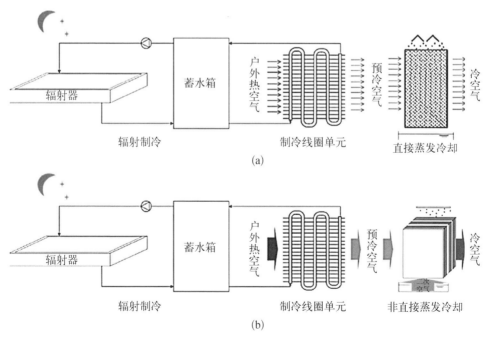

图 4-5 辐射制冷和蒸发冷却复合系统冷却原理图[7,8]

(a) 直接蒸发冷却;(b) 间接蒸发冷却

利用夜间辐射制冷器提供的冷水进行预冷;然后,预冷的空气通过直接蒸发垫或间接蒸发冷却器进而形成冷空气。在这一过程中,预冷是一个无污染的可再生过程,这大大提高了两种冷却系统的冷却效率。

热管或热虹吸管是一种已知可靠的被动制冷装置,已被广泛应用。夜间辐射制冷板和热虹吸管的组合也已由不同的研究者提出和进行研究。图 4 - 6 所示为热管辅助夜间辐射系统示意图。利用该系统,在夏季白天,室内温度可以比周围环境温度降低 4～5 ℃。

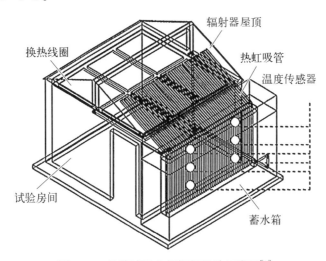

图 4 - 6　热管辅助夜间辐射系统示意图[9]

太阳能干燥剂增强辐射制冷系统也是一种复合系统,如图 4 - 7(a)所示。三个独立的子系统建在屋顶和房子的东西两侧,在夜间进行空气除湿,在阳光下进行再生过程。由于等温干燥过程比绝热干燥过程具有更大的吸湿能力和更低的运行温度,因此干燥剂材料的除湿能力和散热器的夜间辐射制冷能力可以互补。如图 4 - 7(b)所示为另一种太阳能干燥剂增强辐射制冷系统。夜间,外部空气从 B 位置流动到 C 位置,并被除湿床除湿。系统的其余部分用于冷却空气流而不进行除湿。白天,外部空气从 A 位置流动到 C 位置,并被系统吸收的太阳辐射加热,然后气流再经干燥剂床并被排到外面。经过处理的空气温度可比环境空气温度低 5～7 ℃,相对湿度不高于 40％,可以被吸入内部空间用于低湿度干燥或被空调利用[10,11]。

通常,建筑业主较少使用冷却塔,因为它的外观过大、占地面积多,还可能存在供水以及噪声问题[12]。因此,夜间辐射制冷系统作为补充散热器,对于没有足够土地面积的建筑来说是一种很好的选择。许多夜间辐射制冷技术与建筑中的其他能源技术的协同作用已经被广泛应用。然而,大多数混合动力(复合)系统仍处于早期实验或原型测试阶段,现场应用的数据很少,而实验数据需要可靠的模型来预

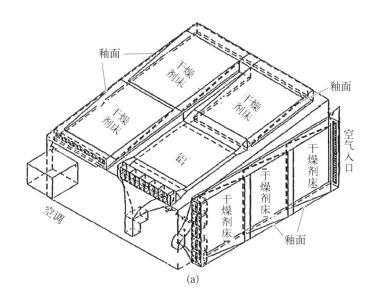

(a)

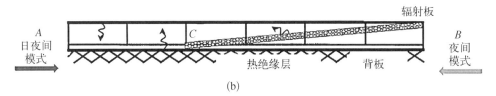

(b)

图 4-7 两种太阳能干燥剂增强辐射制冷系统示意图[10,11]

(a) 系统 1;(b) 系统 2

测系统散发的热量,这在一定程度上制约了混合动力系统的发展。

4.1.4 冷屋面

辐射制冷技术在夜间的表现好是公认的,而建筑物的最大制冷负荷出现在白天。白天在阳光直射下进行辐射制冷是困难的,因为流出的辐射会被入射的太阳辐射抵消或超过。为了减少建筑物在白天的制冷负荷,提出了冷屋面(顶)设想,冷屋面概念的提出促进了辐射瓦或涂料的发展,因为这些材料具有高反射率和高发射率。将冷涂层应用在屋顶上,即成为冷屋顶[13]。反射率 α、发射率 ε 和 R 值是决定冷屋顶整体性能的三个材料因素。在晴朗天气条件下,冷屋顶通过将储存在一个不透明的材料中的热量辐射到天空,同时反射太阳辐射来降低屋顶温度,从而减少建筑内部的制冷需求,缓解城市热岛现象[14,15]。此外,提高屋顶的 R 值也可以减少白天的热量增加,但这是以牺牲夜间的热量损失为代价。

光子学和光学领域的最新发展可以用于改善冷屋顶的性能,即利用纳米技术提高屋顶的太阳反射率和红外发射率[16]。将理想的高太阳反射率和高红外吸收特性集中在一个表面上,这种设计思想在选择性涂料和化学膜系统中很实用[17]。在设计冷屋顶时,尽管不需要考虑夏季的采暖问题但应该考虑冬季的采暖处理,因此以冬季采暖为主要考虑的建筑中可能不适合使用冷屋顶[18]。

4.1.5　辐射制冷系统在建筑物中的应用潜力

大气条件对夜间辐射制冷系统的冷却潜力有重大影响。夜间辐射制冷系统广泛分布在大多数中高纬度地区,特别是地中海沿岸的一些国家。

到目前为止,对夜间辐射制冷系统的研究已经非常成熟和广泛,结合了许多其他系统来实现冷却目的。辐射制冷系统适合温带地中海气候,即昼夜温差大,湿度低,云量少。冷却功率密度大于 70 W/m^2 的试验结果多出现在大气条件有利的秋冬季节,此时对流换热强化了净辐射功率。在其他情况下,高冷却功率密度是根据理论研究得到的选择表面,其结果是通过理论计算得出的,大多数没有经过实验验证。

大部分区域可提供 30~40 W/m^2 的净夜间辐射,同时实现辐射制冷系统功能(如冷却空气、水)。在有利条件下,空气基系统可将进风温度降低 2~4 ℃,水基系统在大水流量条件下可实现平均 3 ℃的降温。由于商用建筑的冷负荷至少要达到 100 W/m^2,而实际系统冷却功率密度相对较低,冷负荷峰值出现在白天以及屋顶面积有限,这些都制约了建筑辐射制冷系统的商业化。

新型辐射制冷器在提高系统效率方面有很大潜力,但在多数的地理区域,夏季白天的辐射降温潜力是相当有限的,这限制了新型辐射制冷器的应用。由于地表温度下降幅度小,冷却功率大,新型辐射制冷器在夏季产生低温水的概率很小。利用热光子技术制备的新型多层表面充当冷屋顶材料,可用于减少建筑在夏季的冷负荷,但其持续时间和耐腐蚀性尚不清楚,且其制备工艺复杂、成本高,阻碍了这一技术的发展。

在中纬度地区,新型光子材料只有在晴朗的冬季才能达到理想的降温效果,根据其光学特性,在稍微不利的天气条件下,它就几乎没有冷却潜力,这也阻碍了新型辐射制冷器与其他暖通空调系统的集成和具体实施。而且,大部分的冷却需求发生在夏季的白天,因此,确定新型辐射制冷器在夏季白天的制冷能力更有意义。在中纬度地区新型辐射制冷器在白天的制冷效果相对较差,在炎热潮湿的热带地区预计表现会更差。新型辐射制冷器在夏季白天的糟糕表现不可避免地限制了该技术的应用。

4.1.6　辐射制冷技术在建筑物中应用面临的挑战

1) 技术问题

具有辐射制冷潜力的复合材料的发展为实现辐射制冷器在白天工作并达到低于环境温度的目标打开了一个新窗口。然而,它们的冷却性能并不十分出色,这主要是由于它们无法实现理想选择涂层严格的光谱发射率。对于某些光子纳米结构,其红外发射也不是严格选择性的,导致在大气窗口内的红外发射强度不是很大[19]。对于微结构光子器件,需要与太阳反射镜结合以避免大量的太阳辐射,从而破坏严格选择的红外发射[20]。

与此同时,由于新型复合材料仍处于早期研发阶段,因此在制造和扩大规模方面存在重大挑战。此外,建筑基础设施的维护和整合也是一大挑战[21]。在白天达到理想的降温效果的主要因素可能是由材料本身性质决定的,故制造一种性能接近理想选择性的材料仍是未来的事。确定性地控制特定波长的热发射率,同时增加太阳反射率,为新材料辐射性能的巨大提升提出了挑战。此外,违反基尔霍夫定律的非互易材料可以通过对热辐射的控制来实现方向性光谱发射率和吸收率之间的差异,这可能为实现实质性的白天降温提供了新的思路[22]。

此外,辐射制冷系统要满足大部分建筑物的冷却负荷,就需要很大的屋顶区域,且屋顶应该是水平的或适度倾斜的,以确保系统全部暴露在天空下。因此,该系统不能满足屋顶面积与建筑面积之比较小的多层建筑的降温要求,中小型矮建筑是该系统的主要应用目标。

除上述材料、应用空间两个因素外,限制辐射制冷系统的技术问题还包括各传热过程中的寄生能量损失(如储水箱内的能量损失以及辐射面与换热流体之间的能量损失)、辐射制冷系统复杂的整体设计、与建筑物的整合等。

2)地理位置限制

地理条件在辐射制冷系统的实际应用中起着举足轻重的作用,包括大气成分(如 H_2O、CO_2)、天空状况(如阴、晴)、风速和凝结情况等。在应用辐射制冷系统之前,必须了解应用地点的地理条件和适用性。

大气中的水蒸气对系统制冷效果的影响是显著的,特别是对有选择性的制冷器。此外,在多云的条件下,大气对红外辐射完全不透明,无法实现有效制冷。因此,辐射制冷技术最适用于湿度较低和云量较少的地区。美国西北太平洋国家实验室列出了可能限制辐射制冷效果的地点,这些地点具有如下特征。

(1)夏季夜间大部分时间都非常炎热(27 ℃以上)的地方。

(2)夏季夜间大部分时间都炎热潮湿的地方(湿度在 80% 以上,温度在 24 ℃以上)。

(3)夏天和夜晚很短的地方。

(4)具有低冷负荷的海洋气候地区的小型建筑。

3)成本问题

一般来说,辐射制冷系统的安装费用高昂,但这些费用可以通过消除管道系统、楼层之间的静压室空间(可能缩短建筑高度)或显著缩小或消除关键的暖通空调组件(如制冷机)来减轻。此外,在系统运行的每一年,都可以实现相应的免费冷却,这也可以节约能耗和节省电费。

目前,并没有很多商业辐射制冷系统可以方便地安装在建筑物中。冷屋顶是辐射制冷系统商业化的典型例子之一。Levinson 等人估算了单位空调屋顶面积的节能成本和采暖损失,并得出结论:对美国 25.8 亿平方米的商业建筑屋顶面积中的 80% 进行改造,则每年可节省 7.35 亿美元的能源成本[22]。

对于传统的制冷系统,一些组件耗费了占比较大的第一成本,包括屋顶散热器、辐射制冷板、储热罐、保温和连接管道。据报道,在雅典可再生能源公司进行的试验中,一个连接冷却板的水散热器系统的成本为每平方米 116 欧元(这是 20 世纪 90 年代后期的成本数据)。而 Sde-Boqer 测试的两种新型散热器(称为日旋管和聚碳酸酯)成本分别为每平方米 60 欧元和 50 欧元(均为 20 世纪 90 年代末的成本数据)。在新墨西哥州对一个封闭的水基辐射系统进行了现场测试,其经济分析表明,该封闭系统的回收期约为 6.8 年。与需覆盖屋顶的大部分面积和使用管道及流动水的制冷器相比,屋顶喷雾冷却系统由于成本低而在商业化应用中很受欢迎。据报道,白帽屋顶系统的屋顶喷雾系统(white cap roof spray coding system)的安装成本为每 1 000 平方英尺屋顶表面 400 美元(1998 年)。在美国加州瓦卡维尔运行的夜空系统("Night Sky")的额外成本为 14.53 美元每平方米的建筑楼面面积(1990 年)[23]。

对于新型光子系统,该技术仍处于实验室研究阶段,光子产品规模化生产的成本目前尚不清楚。美国西北太平洋国家实验室进行了相关模拟,以评估光子辐射系统的成本效益,这种新型辐射系统可在美国 5 个城市节省 24~103 MW 的电力。还有研究者指出,为了实现 5 年的回收期,从夜间冷却升级到光子辐射制冷的最大可接受增量成本为每平方米 8.25~11.50 美元。

从上面的讨论中可以发现,辐射制冷系统在建筑中的应用尚处于不成熟阶段,由于其冷却潜力不大,因此节省的能源可能无法证明高昂的初始成本是合理的,而其节省成本的潜力也主要依赖于新材料的大规模生产和光学性能的改善。

4.2　辐射制冷技术在太阳能电池领域的应用

单结太阳能电池的典型设计可有效地吸收大多数入射的太阳辐射,光子能量超过其半导体带隙。然而,根据理论分析,在 AM1.5 太阳光谱下,太阳能固有的理论功率转换效率上限为 33.7%[24]。目前最常用的硅太阳能电池的效率为 15%~22%。因此,有很大一部分太阳能被转化为热能,反过来,热能也会使太阳能电池温度升高。实际上,在室外条件下,太阳能电池的典型工作温度在 50~55 ℃ 或更高。太阳能电池的温度升高对其性能和可靠性都有不利的影响。高温下,太阳能电池的转换效率会下降。对于晶体硅太阳能电池,温度每升高 1 ℃,效率相对下降约 0.45%。此外,太阳电池温度每升高 10 ℃,太阳电池阵列的老化率就增加一倍。因此,开发太阳能电池冷却技术以保持电池工作温度尽可能低是极其重要的。

传统的太阳能电池冷却方法,包括将热量传导到散热表面、强制空气流动、水冷和热管道系统等,这些方法主要集中于使用热传导或热对流等非辐射热传递技术[25-27]。这些热传导或热对流冷却技术都有一定缺陷,要么需要额外的能量输入,要么会增加系统的复杂性[28,29]。而辐射热传递法在太阳能电池的热平衡中可能起到重要作用。因为太阳能电池是利用太阳工作,而且它自然面对天空,可以辐射出一些热量作为红外辐射。因此,作为对非辐射热传递方法的补充,探索利用光子技术来设计太阳能电池的辐射换热通路以进行热管理的可能性也很重要。

目前在太阳能电池的热管理中主要有两种光子技术,分别用于控制太阳能吸收和热辐射。太阳能电池不能将亚带隙光子转换成电能[30,31],然而,实际的太阳能电池结构在亚带隙波长范围内具有实质性的吸收。但这种亚带隙吸收不促进光电流的产生,而是作为一种寄生热源。为了解决这个问题,采用红外滤光片可以选择性地反射亚带隙区 13～15 μm 的太阳光谱,以减少寄生热源。此外,还有一个新兴的方法,即设计热辐射特性的太阳能电池,以达到冷却的目的。这种辐射制冷方法是基于这样一个事实,即任何面向天空的结构都可以通过 8～13 μm 的大气窗口自然地将热能辐射进寒冷的宇宙。与此同时由于太阳能电池在阳光下的工作温度通常高于周围空气的温度,所以在大气窗口外的整个波长范围即 4～30 μm 之间的热辐射也有助于辐射制冷。因此,可以设计一种在太阳光波长范围内透明但在热波长范围内表现为黑体的光子结构,将这样的光子结构放置在太阳能电池上,既达到冷却太阳能电池目的,又不影响其对太阳能的吸收。

如上所述,目前在开发用于太阳能电池冷却方面的光子结构有重大的潜力。因此,这种用于太阳能电池被动冷却的光子技术,可作为当前光伏组件的改良措施,如图 4-8 所示。

图 4-8 所示方法是在现有的封装太阳能电池板上加置一层光子涂层。涂层的设计目的是最大限度的反射部分不促进光电流的太阳光谱和热辐射。此外,该涂层还可以作为宽带防反射涂层,保持甚至增强太阳能电池的光学吸收特性。

4.2.1 太阳能电池的光谱特性

不同波长范围内,典型商业太阳能电池的光谱特性如图 4-9(a) 和图 4-9(b) 所示[32]。电池 I 是一个带有交错背接点的硅太阳能电池,电池 II 是一个带有丝网印刷银的正面和铝背面接点的硅太阳能电池,如图 4-10(c) 所示[33-35]。

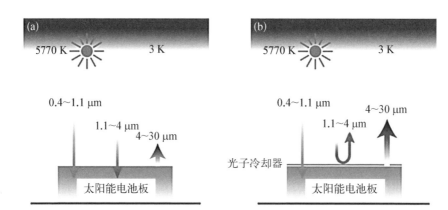

图4-8 有无光子冷却器的太阳能电池板的特性示意图

(a) 现有太阳能电池板的太阳能吸收和热辐射特性示意图;

(b) 在太阳能电池板顶部涂覆光子冷却器以增强辐射制冷并强烈反射亚带隙太阳辐射的作用原理图[32]

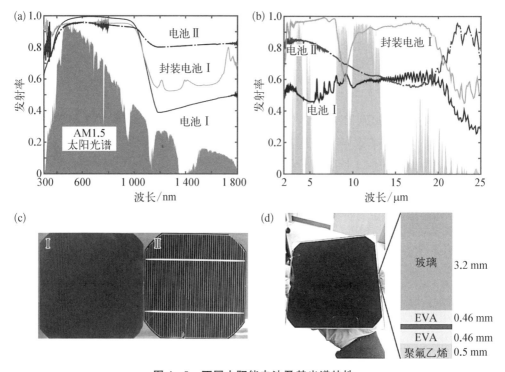

图4-9 不同太阳能电池及其光谱特性

(a) AM1.5太阳光谱下的电池光谱特性;(b) 红外波长范围内电池的光谱特性;

(c) 两种太阳能电池的正面照片;(d) 带封装太阳能电池的照片(左)及其横截面示意图(右)

在光伏模块中,用两个 0.46 mm 厚的乙烯-醋酸乙烯(EVA)接头夹层来封装电池,用 3.2 mm 厚的玻璃作为前盖,用 0.5 mm 厚的聚氟乙烯作为背板层,如图 4-10(d)所示。

在太阳光谱范围内,两个裸电池在 0.3～1.1 μm 波长范围内显示强烈的发射性,这是因为此波段的光子能量高于硅的带隙能量。尽管在 1.1～1.8 μm 波长范围内的光子能量低于硅的带隙能量,但是在这个波段内,两个光电池都表现出明显的吸收性。这种强的子带隙吸收与带有平面增透涂层和金属背面反射器的裸硅片上的测量数据形成对比,这很可能是由于电池中存在金属接触和重掺杂区域[31],由表面纹理引起的光阱效应可以进一步增强子带隙吸收。根据测量的吸收光谱,在 AM1.5 光谱条件下,计算出电池 I 和 II 的子带间隙吸收能量分别为 85 W/m² 和 150 W/m²,这种子带隙吸收是一种寄生热源,它不会对电流的产生做出贡献。

与裸电池相比,封装电池 I 在子带隙和紫外波段内表现出更强的吸收性。在 AM1.5 光谱条件下,封装电池的子带隙吸收能量为 110 W/m²,这明显高于裸电池。这是由于 EVA 强烈吸收波长小于 0.375 μm 的紫外光,并在近红外波段有轻微吸收,这种吸收会导致产生多余的热量,同时也会降解 EVA,减少太阳能板的使用寿命。因此,在保持甚至增强太阳能电池在 0.375～1.1 μm 波长范围内的吸收性的同时,抑制太阳能电池板的子带隙吸收和紫外吸收有利于实现电池冷却和延长封装电池的寿命。

综上所述,一个商业裸太阳能电池在太阳波长范围内具有很强的亚带隙吸收性,在 2～25 μm 波长范围内具有强烈热发射性。因此,太阳能电池封装不仅可满足光伏组件的要求,还可进一步提高子带隙太阳能吸收和热发射性,并提高紫外波段内的太阳能吸收性。然而,必须指出的是,即使在有封装层的最佳情况下,商业太阳能电池的热发射光谱也不是最佳的。

从热管理的角度来看,在亚带隙和紫外波长范围内存在强烈的太阳吸收是有害的,因为这种吸收会产生一种寄生热源。但在热波长范围内存在高发射率是有益的。且由于硅的体声子极化激元激发,封装电池的发射率在波长 9 μm 附近有一个大的下降。

4.2.2　太阳能电池优化

太阳能电池优化是在商业太阳能电池的实验特性的基础上,开发一种全面的光子方法用于太阳能电池的热管理,即在现有的封装太阳能电池板上增加多层介质堆栈。该方法是一种改进办法,且不需要对标准封装电池的现有结构或材料进行任何修改。

为了达到最佳热管理目的,增加的光子结构需要满足如下设计标准,如图 4-10(a)所示。首先,在太阳波长范围内,光子结构需要有一个定制的反射特性,即在

$0.3 \sim 0.375 \, \mu m$ 和 $1.1 \sim 4 \, \mu m$ 的波长范围内,光子结构需要最高的反射率以减少寄生热的产生。在光子可转换为光电流的 $0.375 \sim 1.1 \, \mu m$ 波长范围内,光子结构需要最低的反射率以减少反射损失。其次,为了使太阳能电池的辐射制冷性能最大化,光子结构需要在 $4 \, \mu m$ 以上的热波长范围内使其发射率最大化。为了达到这些标准,应满足以下条件。第一,组成材料都需要在太阳波长范围内透明,但有些需要在热波长上有损耗。第二,为了在子带隙波长范围内产生较强的太阳反射,需要使用具有大指数对比度的材料。第三,在热波长范围内,许多损耗介质,如二氧化硅,具有强烈的声子-极化子响应,这会导致负介电常数,从而导致大反射率和低发射率。因此,需要将介电常数正负兼备的介质结合起来,以避免大反射率。最后,出于成本考虑,所有材料都应该是常用的介质,并且应该适合大面积制造。考虑到所有这些条件,在实际的多层设计中,可选择二氧化硅、氧化铝、二氧化钛和氮化硅等介质材料。

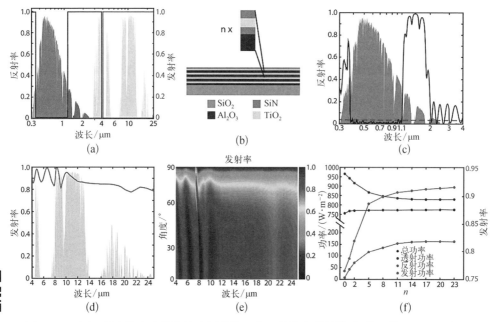

图 4-10 用于太阳能电池优化的光子结构示意图及其光谱特性(扫描二维码可查阅彩图)

(a) 光子冷却器的理想反射率光谱(蓝色)和发射率光谱(红色),与标准的 AM1.5 太阳光谱(橙色)和现实的大气透过率模型(浅蓝色阴影区域)(为了简便起见,波长用对数刻度绘制);(b) 具有 n 个子层的多层介质堆栈构成的光子冷却器的结构图(每一层都由 $Al_2O_3/SiN/TiO_2/SiN$ 和最上面的一层 SiO_2 组成;光子冷却器位于玻璃基板上;结构厚度是非周期的,以优化性能);(c) $n = 11$ 子层的光子冷却器的反射率光谱(蓝色)[无光子冷却器的玻璃基板的反射率光谱(虚线绿色)作为供参考,为了简便起见,波长用对数刻度绘制];(d) 光子冷却器在红外波长的发射光谱(大气透过率模型为阴影区域);(e) 光子冷却器在红外波长的与角度相关发射率光谱;(f) 总太阳能功率(黑点)、$0.375 \sim 1.1 \, \mu m$ 波长范围内的透射太阳能功率(蓝点)、$0.3 \sim 0.375 \, \mu m$ 和 $1.1 \sim 4 \, \mu m$ 波长范围内的反射太阳能寄生功率(绿点)和 $8 \sim 13 \, \mu m$ 之间的平均发射率 ε(红点)是一个关于 n 的函数(数据点之间用线连接,以便可视化)

如图 4-10(b)所示为光子制冷器的设计示意图。该光子制冷器位于封装太阳能电池最上层的玻璃基板上，由非周期性排列的 $Al_2O_3/SiN/TiO_2/SiN$ 交替层组成，最上层为防反射 SiO_2 层。与周期结构相反，使用非周期结构可以使反射振荡在 $0.375\sim1.1\ \mu m$ 的波长范围内最小化。计算得到的该结构的太阳反射率和热发射率谱分别如图 4-10(c)和图 4-10(d)所示。对于太阳光谱，这种结构在子带隙和紫外波长范围内表现出强烈的反射。在 $0.375\sim1.1\ \mu m$ 的波长范围内，与不涂涂层的情况相比，该制冷器也可作为一种宽带防反射结构，提高太阳能的透射率[图 4-10(c)中的虚线]。经过计算，在该波长范围内，通过该光子制冷器的发射功率为 $772.6\ W/m^2$，大于没有该光子制冷器情况下的 $755.5\ W/m^2$。在 $1.3\sim1.8\ \mu m$ 波长范围之间，该制冷器显示了接近一致的反射率，这是抑制亚带隙吸收吸收和低于硅带隙部分太阳光谱产生的寄生热的重要表现。在红外波长范围内，这个制冷器也显示了宽带高发射率[见图 4-10(d)]。特别地，在 $8\sim13\ \mu m$ 的大气窗口范围内，该制冷器显示出非常高的发射率，与二氧化硅相反，这种高发射率持续到大角度[见图 4-10(e)]，这是一个有用的特征，可最大限度地发挥辐射制冷能力。这种冷却器的性能可以通过增加更多的层数[见图 4-10(f)]或使用其他材料进一步提高。还应该指出的是，在这里，光子冷却器是优化的光伏组件，且与太阳辐射成正常或小入射角。然而，它也可以被设计用于具有大入射角范围的光伏组件，而在 $0.375\sim1.1\ \mu m$ 波长范围内无反射损失。

对集成有光子制冷器的太阳能电池板的冷却效果进行热分析时，由于太阳能电池的平面内温度变化足够小，为了简单起见，可以使用一维热模型。还应指出的是，在 $0.375\sim1.1\ \mu m$ 的波长范围内，EVA 层的折射率与玻璃的折射率是紧密匹配的，由于表面存在纹理，所以太阳能电池表面的反射率足够小。因此，当这个光子制冷器集成在太阳能电池板顶部时，它的太阳反射特性可以被很大程度地保留下来。因此，可以根据该光子制冷器的太阳反射特性和实验测得的太阳能电池吸收率来计算太阳能电池中吸收的太阳能功率，并将其作为热模拟的热输入。然后在太阳能电池板模型上建立了基于有限差分的热模拟[见图 4-11(a)]，通过求解稳态热扩散方程，可以模拟太阳能电池板垂直方向上的温度分布[见图 4-11(b)]。特别地，选择上下表面的非辐射换热系数分别为 $h_1=10\ W/(m^2 \cdot K)$ 和 $h_2=5\ W/(m^2 \cdot K)$，环境温度 298 K 来模拟典型的室外条件。如图 4-11(b)所示，通过在太阳能电池板的顶部表面施加一个光子制冷器，太阳能电池板的温度可以显著降低。也可通过在空间上平均太阳电池区域内的温度来计算电池工作温度。计算发现，使用当前的光子制冷器设计，太阳能电池的工作温度可以降低 5.7 K，使用理想的光子制冷器工作温度则可以降低 8.6 K。这意味着，对于一个温度系数为 0.45%，效率为 22% 的硅太阳能电池，集成光子制冷器可实现 5.7 K 的温度降低，同时可有 0.56% 的

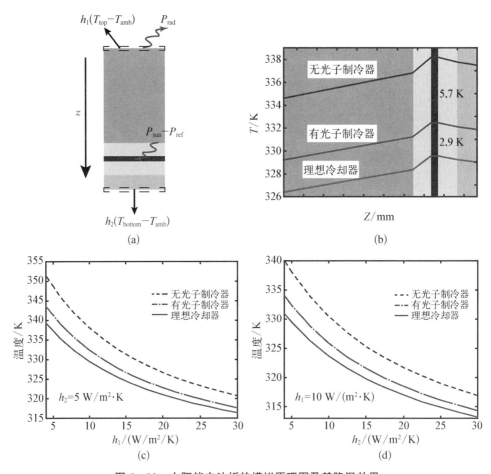

图 4-11 太阳能电池板热模拟原理图及其降温效果

(a) 太阳能电池板的热模拟图；(b) AM1.5 太阳光谱下，分别模拟无光子冷却器、有光子冷却器和理想情况下太阳能电池板的温度分布(本计算的非辐射换热系数为 $h_1=10$ W/m²/K，$h_2=5$ W/m²/K；顶部和底部的环境温度都是 298 K)；(c) AM1.5 太阳光谱下，没有光子冷却器(虚线)、有光子冷却器(点划线)、理想冷却器(实线)的太阳能电池板工作温度随 h_1 的变化曲线(固定的 $h_2=5$ W/m²/K)；(d) AM1.5 太阳光谱下，没有光子冷却器(虚线)、有光子冷却器(点划线)、理想冷却器下(实线)的太阳能电池板工作温度随 h_2 变化的曲线($h_1=10$ W/m²/K 固定)

绝对效率提高，且不需要修改当前的太阳能电池板配置；再加上在 $0.375\sim1.1$ μm 波长范围内的太阳能透射增强，估计系统整体绝对效率提高约为 1%。在太阳能电池行业，绝对效率提高一个百分点的效果是非常显著的。例如，经过 10 年的密集投资，商用晶体硅面板的模组效率，从 2006 年的 22.7% 左右提高到 2016 年的 23.8% 左右，提高了约 1 个百分点[36]。因此，上述方法提出了一个新的提高模块效率的理论途径，代表了重大的进步。需要注意的是，上述模拟计算是基于由电池 I 构成的封装电池，电池 I 的亚带隙吸收(85 W/m²)要比电池 II(150 W/m²)小得多。而对于由电池Ⅱ制成的太阳能电池板,降温效果更显著,温度可降低 7.7 K,可以实现更大的效率增益。

为了进一步了解不同换热条件下的制冷效果,需计算电池工作温度作为顶部表面[见图 4-11(c)]和底部表面[见图 4-11(d)]非辐射换热系数的函数,发现:即使在存在显著的非辐射制冷的情况下,光子制冷技术仍然可以对制冷效果有显著的影响。例如,当太阳能电池板的背面有很强的非辐射传热系数[$h_2=30$ W/(m² · K)],对应于一个 9 m/s 风速的情况,光子冷却器仍然可以达到 3.1 K 的降温效果,这揭示了光子制冷技术与其他非辐射制冷技术结合使用的潜力。

到目前为止,光子制冷技术已经用于冷却非聚焦的平板太阳能电池板。但将这种技术应用于聚焦光伏系统中可能更为有益,因为在聚焦光伏系统中,热管理更为关键[37]。在这种情况下,光子辐射制冷方法的主要优势来自抑制子带隙的太阳吸收。在这里,我们着重讨论低聚焦和中聚焦系统(2~100 倍)。在这个聚焦范围内,硅是一种常用的电池材料,因为它的使用成本比较低。如图 4-12(a)所示是一个半入射角高达 30°的聚焦系统,大致对应一个典型的高效率菲涅尔式聚光器的上限。在这个非正常入射角范围内,光子制冷器的热发射谱几乎保持不变[见图 4-10(e)],太阳反射率谱略有蓝移[38],但通过修改光子结构设计可以很容易地补偿这种位移。如图 4-12(b)所示,重新设计的光子制冷器可以有效地降低子带隙的太阳吸收,同时在所有入射角达到 30°的情况下,保持 0.375~1.1 μm 波长范围内的高透射率。下面对这种制冷器进行热分析,考察其冷却能力。考虑一个 10 倍的聚焦光伏系统,入射角范围为 0°~30°。计算得到电池工作温度作为底部非辐射传热系数 h_2 的函数曲线,如图 4-12(c)所示。值得注意的是,当 h_2 为 30 W/(m² · K)时,这种光子制冷器可以降低电池温度 15.4 K。即使当 h_2 超过 200 W/(m² · K)时,它仍然可以显著降低电池温度 6.2 K。对于一个温度系数为 0.45%、效率为 22%的硅太阳能电池,降低 15.4 K 和 6.2 K 可以分别提供 1.52%和 0.61%的绝对效率提高。另外,在聚焦光伏系统中,工作温度需要保持在一个固定的值,并且需要采用主动冷却技术,如水冷却技术等。而光子制冷器可以显著降低所需的冷却功率,且值得注意的是,冷却效果将随系统聚焦倍数线性增大[见图 4-12(d)],因此光子制冷器可以在光伏系统的热管理中发挥重要作用。

用上述光子技术来冷却太阳能电池需同时增强辐射制冷,并减少太阳吸收。为了满足这一要求,一种具有成本效益的多层介质堆栈光子制冷器被设计出来。该光子制冷器可以改造成现有的太阳能电池板,有效地降低电池温度。这种技术可以用于非聚焦和聚焦光伏系统的被动冷却,并可以与其他传统冷却机制结合使用。此外,许多聚合物在热红外波长范围内具有很强的吸收能力,并可能具有良好的辐射制冷能力。例如,全聚合物多层薄膜已被用作聚焦光伏系统的反射镜。因

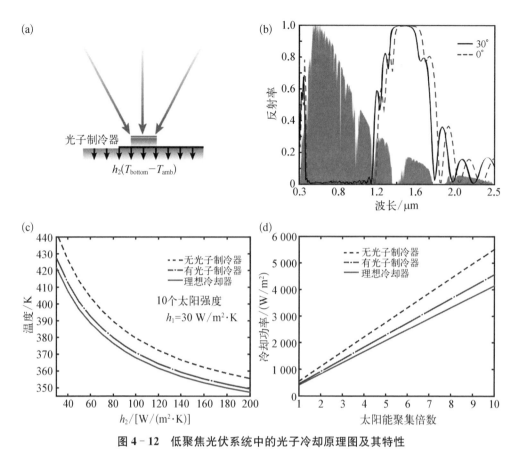

图 4 - 12　低聚焦光伏系统中的光子冷却原理图及其特性

（a）光子冷却原理图；（b）光子冷却器的反射光谱（作为半入射角的函数，半入射角最高可达 30°）；（c）在 10 个太阳强度下，无光子冷却器（虚线）、有光子冷却器（点划线）、理想冷却器（实线）的太阳能电池板的工作温度随 h_2 的变化曲线（固定 $h_1 = 30$ W/m²/K）；（d）为使太阳能电池在环境温度下保持工作，理想冷却器（实线）、无光子冷却器（虚线）、有光子冷却器（点划线）为太阳能电池板提供所需的冷却电源关于太阳能聚集倍数的函数曲线

此，采用全聚合物多层薄膜设计光子制冷器，可以进一步提高制冷器的散热性能，也更适合量产[39,40]。

　　虽然上述讨论关注的是硅太阳能电池，但是这种光子制冷器原则上可以被重新设计并应用于任何太阳能电池，尤其适用于具有较大带隙能量的电池（其中子带隙太阳能的能量更大），利用子带隙能量的寄生加热效应产生的制冷效果更显著。此外，这种方法对空间应用的太阳能电池的冷却作用可能更为显著，因为在这些应用中，来自太阳和宇宙的辐射是主要的热交换机制。更普遍地说，这种方法可为任何户外物体提供一种通用的冷却方法，在这些物体中，对阳光的利用既可以是功能性的，也可以是美学的。例如，对于需要保留光线颜色的应用，只需要选择性地传输可见光谱，同时辐射冷却物体。这种方法在汽车制冷领域等的应用同样非常重要,因为其可减轻汽车对空调的需求以降低 20% 的燃油使用率。最后,这一辐射制冷技术已经显示出独立控制热辐射和太阳吸收特性的能力,如完全反射太阳光,不利用阳光,或完全透射太阳光。这个技术的应用使得太阳能系统在同时利用辐射制冷和收集太阳能方面的发展向前迈进了一步。

4.2.3 热力学分析

由于太阳能电池的平面内温度变化足够小,可以使用一维热模型来简化。在五层太阳能板模型上建立基于有限差分的热模型,通过求解稳态热扩散方程,可以模拟垂直方向上整个太阳能板的温度分布:

$$\frac{d}{dx}\left[k(z)\frac{dT(z)}{dz}\right]+\dot{q}(z)=0 \tag{4-1}$$

式中,$T(z)$ 为整个太阳能电池板的温度分布。这里的玻璃、EVA、硅太阳能电池和有机物的热导率值分别是 0.98 W/(m·K)、0.24 W/(m·K)、148 W/(m·K) 和 0.36 W/(m·K)。将热边界条件应用于太阳能电池板的顶表面:

$$-k(z)\frac{dT(z)}{dz}\bigg|_{top}=P_{cooling}(T_{top})+h_1(T_{top}-T_{amb}) \tag{4-2}$$

同时考虑辐射制冷效应 $P_{cooling}(T_{top})$ 以及由热对流和热传导引起的额外的非辐射散热 $h_1(T_{top}-T_{amb})$。在下表面,假设如下边界条件:

$$k(z)\frac{dT(z)}{dz}\bigg|_{bottom}=h_2(T_{top}-T_{amb}) \tag{4-3}$$

来描述下表面的非辐射热损失。根据封装电池和光子制冷器的太阳吸收光谱和热发射光谱,可以首先计算出太阳能电池板的总太阳吸收和辐射制冷功率:

$$P_{sun}=\int_0^\infty d\lambda I_{AM1.5}(\lambda)\varepsilon(\lambda,\theta_{sun})[1-r(\lambda,\theta_{sun})]\cos\theta_{sun} \tag{4-4}$$

式中,P_{sun} 是太阳能吸收功率,$I_{AM1.5}(\lambda)$ 表示 AM1.5 光谱,$\varepsilon(\lambda,\theta_{sun})$ 是太阳能电池的太阳能吸收率,$r(\lambda,\theta_{sun})$ 是光子制冷器的反射率谱,θ_{sun} 是太阳入射角。

假设热量在太阳能电池内均匀产生,可以得到方程(4-1)中的 $\dot{q}(z)$。同时,顶表面辐射制冷功率预冷可通过计算得到

$$P_{cooling}(T_{top})=P_{rad}(T_{top})-P_{atm}(T_{atm}) \tag{4-5}$$

P_{rad} 为太阳能电池板的总热辐射功率,可按下式计算:

$$P_{rad}(T_{top})=\int d\Omega\cos\theta\int_0^\infty d\lambda I_{BB}(T_{top},\lambda)\varepsilon(\lambda,\Omega) \tag{4-6}$$

式中，$\int \mathrm{d}\Omega = \int_0^{\pi/2} \mathrm{d}\theta \sin\theta \int_0^{2\pi} \mathrm{d}\phi$ 是半球上的角积分。$I_{\mathrm{BB}}(T_{\mathrm{top}}, \lambda) = (2hc^2/\lambda^5)/$ $[e^{hc/\lambda k_{\mathrm{B}} T} - 1]$ 是温度 T 下黑体的光谱亮度，h 是普朗克常数，c 是光速，k_{B} 是玻尔兹曼常数。

P_{atm} 是太阳能电池板从大气中吸收的热发射功率，可以计算得到

$$P_{\mathrm{atm}}(T_{\mathrm{amb}}) = \int \mathrm{d}\Omega \cos\theta \int_0^\infty \mathrm{d}\lambda I_{\mathrm{BB}}(T_{\mathrm{amb}}, \lambda)\varepsilon(\lambda, \Omega)\varepsilon_{\mathrm{atm}}(\lambda, \Omega) \tag{4-7}$$

式中，$\varepsilon_{\mathrm{atm}}(\lambda, \Omega) = 1 - t(\lambda)^{1/\cos\theta}$，是与角度相关的大气发射率，$t(\lambda)$ 是大气在天顶方向的透过率。

由热能方程的解得到温度分布 $T(z)$ 如图 4-11(b) 所示。太阳能电池的工作温度[如图 4-11(c)、(d) 所示]被定义为太阳能电池区域内的空间平均温度。

4.3 辐射制冷技术在露水收集中的应用

当物体表面温度低于局部露点温度时，物体表面会形成露水。露水收集可对某些地区的供水产生有益影响，如许多传统水源可能枯竭的干旱和半干旱地区。因为大气是一个巨大的可再生水库，含有 12 900 立方千米的水，且露水一般是可饮用的。

从空气中获取水分的方法一般有三种：利用吸附剂的吸附技术、利用热泵的表面冷却以及利用辐射制冷技术。目前常用的露水冷凝器主要分为两种类型：辐射（或无源）露水冷凝器和主动露水冷凝器。对辐射露水冷凝器的研究及应用可以追溯到 20 世纪 60 年代。研究人员致力于分析气候和天气条件，开发合适的辐射制冷表面材料，设计集露器，并研究影响产水率的操作条件。而辐射露水冷凝器发展到今天，其制约因素如下：当地的气候应该有大量的水蒸气（即高湿度）可以凝聚，但大量的水蒸气的存在又不可避免地限制了辐射制冷能力；器件表面易于凝结水成冰，但在表面发生凝结水后应立即将其清除。

受可用冷却功率（100 W/m²）相对于冷凝水的潜热（2 260 J/g）的限制，结露量的理论极限约为每天 0.8 L/m²。但在实际应用中，由于气候条件和系统设计的不完善，露水产量远远低于该极限值。大气发射率、相对湿度和当地风速都对露水凝结有影响。露水产量随云量的增加呈线性下降，但一个完全晴朗的天气也不一定带来很高的露水产量，因为晴朗的天气通常与干燥的空气相联系，即一定的绝对湿度是产生露水所必需的。不仅如此，相对湿度也必须很高，以降低所需的温差（环境温度和露点温度之间），以便发生冷凝。较高的风速不利于露水的形成，因为它降低了净冷却功率，将大气中水蒸气带到冷凝器（即辐射制冷表面）需要较缓的风速（小于 1 m/s）。

综上，需一直探索气象数据（相对湿度、云量和风速）与露水产量之间的相关

性,以预测不同气候条件下的产水率。

使用无源辐射露水冷凝器可将水蒸气转化为液态水。第一次有据可查的露水冷凝器的使用在 1912 年,当时有工程师(齐博尔德)建造了一个圆锥形碗,里面装满了圆圆的鹅卵石(直径 15～40 cm)。该结构的基底直径为 20 m,顶部直径为 8 m,高度为 6 m。它一直运行到 1915 年,但没有关于该冷凝器露水产量的记录报告。

1929 年,水文气象学家查普塔尔在法国蒙彼利埃进行了露水冷凝器研究,使用一个截断的金字塔形结构,结构内充满了岩石,底部宽 3 m,高 2.32 m,但其露水产量微不足道:在第一年的 6 个月内总共收集露水 87.8 L,第二年收集露水 40.5 L。1930 年,比利时工程师在普罗旺斯建造了一座经过改良的冷凝器,一座高 12 m、直径为 12 m 的塔。然而,它的露水产量不超过每晚 12 L。1962 年,金德尔在倾斜位置(25°～30°)测试了由聚乙烯箔(1.5 m×2 m)组成的装置的露水产量:在以色列的三个地点(复兴沙漠、埃什塔奥尔亚湿润丘陵和雷霍沃特半干旱平原)的月露水产量为 0.86～3.63 L/m²。1993 年,有研究人员在坦桑尼亚和瑞典进行了冷凝试验,其冷凝基材为具有良好辐射性能的箔片,可凝结露水。这个结构是由 5 cm 的聚苯乙烯泡沫从地面热隔离。露水最高产量为 0.23 mm/天(瑞典)和 0.1 mm/天(坦桑尼亚)。1999 年,人们系统地研究了表面积为 0.3 m² 的铝箔模型冷凝器。建造了一个 30.97 m² 的冷凝器工作区,并全部裸露。此冷凝器被称为原型 P1,但这个结构在强风暴期间受到风应力的破坏。后来又建立了一个类似的模型,即原型 P2,该模型具有更强的抗风能力,其冷凝器底座更接近地面,四面均用轻砖封闭。且通过设计来减少风对露水形成和积累的负面影响,但根据计算,这种冷凝器的热容量极大地阻碍了其表面温度达到或低于露点。因此,这些采露器是注定要失败的。

目前,我们面临的挑战是如何开发在辐射冷却过程中的被动轻型露水冷凝器,这种冷凝器不仅具有便携性,易于安装,而且还免除了对外部能源的需要。但其露水产量受到冷却功率的限制,如果是傍晚晴朗天气,辐射功率在 25～100 W/m² 内,考虑冷凝水的潜热(在 20 ℃时为 2 500 J/g),每晚的露水产量在 1 L/m² 以下,一般来说,不会超过 0.5 L/m²。至今,研究人员一直试图通过改进冷却材料来提高露水收集率[41],但空气温度、空气湿度(露点温度)、风速和云量等气象参数决定着露水的生成率[42],且目前还没有普遍接受的或标准的方法来评估露水收集率。事实上,露水并不是真正的大气降水,因为它的形成取决于凝结表面的属性。为了提高露水收集产量,可以最大化设计表面的发射特性,减小风速的负面影响,减小地面热通量,增加露水凝结时间。

4.3.1 辐射露水冷凝器

理解露水形成的原理对于利用有效辐射过程来收集露水的无源露水冷凝器的

开发是很重要的。露水的形成是一种自然现象,即在暴露的表面上气态水转化为液态水[42]。露水的形成受到多种因素的影响,如蒸汽压、空气温度、相对湿度和风速。蒸汽压被定义为在给定温度下,水在气相与液相之间处于平衡状态时所施加的压力[43]。如果蒸汽压力增加,它将达到一个最大值,超过这个最大值,大气中的水分子将凝结。水蒸气所达到的最大压力称为饱和蒸汽压,也就是大气中水分子完全饱和的那一点。

饱和蒸汽压是空气温度的函数,它们之间的关系可以用下式来描述[44]:

$$e_s = 0.611 \exp\left(\frac{17.27(T_a - 273)}{T_a - 36}\right) \tag{4-8}$$

式中, e_s 为饱和蒸汽压(kPa), T_a 为环境温度(K)。

假定大气压恒定时,环境温度的升高或降低会使饱和蒸汽压升高或降低。如果空气在恒定湿度下冷却饱和,那么该点对应的温度称为露点温度。如果暴露表面(即冷凝器表面)的温度等于或低于露点温度,冷凝就会发生。此外,根据式(4-8),如果暴露表面的温度低于其上方空气的温度,则该表面附近的饱和蒸汽压会更低。由此形成的蒸汽压梯度使得大气中的水分子会从高蒸汽压向低蒸汽压运动。蒸汽压梯度的存在,只允许裸露的表面附近的水分子发生凝结,而不会使大部分空气达到它的露点温度而凝结。

露水的形成率取决于空气中水蒸气的含量,该含量与绝对湿度(即空气中气态水分子的数量)以及露点和环境温度的差有关。这个概念可用相对湿度(RH)来表示,相对湿度的定义是在给定温度下空气中的水蒸气量相对于在同一温度下空气所能容纳的最大水蒸气量的百分比。它也可以被定义为,在当前温度下,水汽对大气总压力的贡献与水汽能施加的最大压力的比值。

$$RH = \frac{e(T_a)}{e_s(T_a)} \times 100 \tag{4-9}$$

式中,RH 为相对湿度(%); e 为蒸汽压,单位为 kPa。根据露点温度的定义,相对湿度也可以表示为

$$RH = \frac{e(T_d)}{e_s(T_a)} \times 100 \tag{4-10}$$

式中, T_d 是露点温度(K)。

基于上述原理,辐射冷凝器(也称为无源露水冷凝器)依靠露水形成的物理过程来收集露水,而不需要任何额外的能量输入。辐射冷凝器的表面在光谱的红外区域内有很高的发射率,这使得它在夜间可比其他表面冷却得更快。因此,为了使冷凝器表面达到所需的露点温度,诱导露水的收集,必须使环境条件有利于表面冷

却实现,并对暴露表面(即冷凝器)进行优化,以增强冷却效果。

影响露水收集的几个因素如图4-13所示。这些参数描述了增强或减弱露水形成的各类条件,它们与辐射系统背后的物理原理有关。

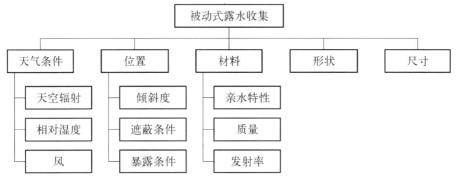

图4-13   影响露水收集的因素

1)气象条件

在研究露水凝结影响时,必须考虑露水的形成与天气条件的相关性,如天空发射率、相对湿度和风速[45]。

(1)天空发射率。

天空的低辐射率被认为可以防止水蒸气凝结,因为它不允许辐射从地面表面逃逸,因此,较高的发射率是理想的冷凝发生的条件之一[46],尤其在晴朗的天气条件下,更容易形成露水。例如,对大陆和沿海地区的研究表明,露水产量与大气透明度和对红外辐射的天空能见度成正比[47]。

物体的表面在夜间变冷,是因为有一个向天空发射的净辐射能量通量。这种辐射位于光谱的红外区域($8\sim13~\mu m$),这是与热辐射相关的区域。在夜间,物体表面的净辐射被发射向天空,并且有一小部分的辐射丢失到太空中。该辐射能的一部分被大气中的水和二氧化碳吸收,部分吸收的能量辐射回地表,减少了净长波辐射制冷效应[48]。因此,大气中有大量水分的晴朗夜晚比阴天夜晚更有利于辐射表面的冷却实现。

由于晴朗的夜晚可以更大程度地冷却地表,与阴天夜晚相比,晴朗夜晚更适于形成露水。但伴随着平均云量的增加,露水产量近似线性地下降,而平均云量作为天空热发射率的指标,可用下式描述:

$$h = h_0(10 - \bar{N}) \qquad (4-11)$$

式中,$\bar{N}$ 为夜间平均云量,晴空时为0,全云时为10;h 为平均露水产量(mm/天),h_0 是云量为0时的平均露水产量。值得注意的是,在这个公式中,最大露水产量并不对应于 $\bar{N}$ 为0时,而是对应于 $\bar{N}$ 约为3时。事实上,在完全晴朗的夜晚,露水产量也相对较低。

当天空晴朗时,平均露水产量与平均露水产量之间的差异可以解释为,更晴朗的天空也对应着更干燥的空气,但发生露水凝结必须有一定的绝对湿度。湿润的海洋空气环流是影响露水产量的重要因素[49],再次说明了大气含水量对露水凝结的重要性。然而,大气的绝对湿度也会影响天空的辐射率,当绝对湿度高时,辐射会减少。例如,在湿地生态系统或热带气候等环境中,高绝对湿度阻碍了露水的形成。相反,干燥的地中海气候为较高的露水产量提供了有利条件。

(2) 相对湿度。

相对湿度与露水产量高度相关。可将空气相对湿度与露点温差的关系定义为

$$\ln(\mathrm{RH}) = k(T_a - T_d) \tag{4-12}$$

这里 k 是一个常数,它只随空气温度变化而有微小的变化。平均露水产量与露点温差关系如式(4-13)所示,该公式描述的关系非常重要,因为几乎所有的实验数据点都符合等式(4-13)所描述的线性关系:

$$h = \frac{h'}{\Delta T_0} \left[\Delta T_0 - (T_d - \Delta T_a) \right] \tag{4-13}$$

其中,h' 为一晚的露水最大产量,ΔT_0 为冷凝器表面与空气的最大温差。ΔT_0 可作为对特定位置辐射露水冷凝器性能的度量。

由式(4-12)及式(4-13)可知,空气温度与露点温度的差值可以作为露点产露量的主要参数。事实上,露水产量与空气温度和露点温度之间存在线性关系,因此露水产量与相对湿度之间存在对数关系。

(3) 风速。

风对露水凝结既有阻碍作用,也有促进作用。在干燥的条件下,强风不利于露水凝结。在波利尼西亚潮湿的热带岛屿进行的一项研究中发现,当风速大于 3 m/s 时,露水产量迅速下降,而当风速大于 4 m/s 时几乎没有露水[50]。因此,一方面,保护冷凝器不受风的直接影响,有利于改善冷凝效果;另一方面,低风速是将大气中的水蒸气带到冷凝器表面所必需的条件。

辐射露水收集系统的技术原理相对简单,因为它依赖于开发露水形成的物理过程。然而,无源集露器的辐射制冷功率是天气(环境温度、相对湿度和云量)的函数,而天气以相对复杂的方式影响露水产量。但总的来说,理想的适合露水凝结的天气条件通常为干旱和半干旱气候,这些气候控制的地区也往往缺水。通过实施辐射露水收集技术,使得饮用水生产成为可能,而不需要额外的能源投入。然而,由于出现最大凝结露水所必需的特殊天气条件(即相对湿度约为 80%,云量和风速较低但大于零),每天的水量通常相对较低且难以预测。这使得尽管优化冷凝器设计可以在

一定程度上提高露水凝结产量,但使用辐射冷凝器收集露水仍存在一些不确定性。

2)辐射露水冷凝器的设计

考虑到辐射系统对露水形成物理过程的依赖,在设计它们时必须考虑做到不需要任何外部能量的输入就能实现表现冷却。为了提高露水产量,必须优化许多特性。首先,重要的是最大化冷凝表面的红外波长发射特性,以允许表面在夜间冷却。第二,必须减少对可见光的吸收,以防止白天冷凝器的升温,这意味着冷凝器在可见光部分有更高的反射率。第三,必须降低风速来减小风的加热效果,这通常通过倾斜角度或用特定形状来实现。第四,需要一个亲水的表面来回收大部分凝结的水,使其可以收集在一个容器中,避免水在清晨蒸发。最后,重要的是要有一个轻型冷凝器,以减少热惯性,使其更容易改变表面的温度,并有良好的热绝缘性,以避免来自地面传递的热量。这就是说,可把对辐射系统的设计和位置的优化因素划分为材料、形状、集热器的大小和位置。

(1)表面材料。

冷凝器表面使用的材料的性能会影响露水的形成。通过选择合适的材料,可以降低液气界面的能障,提高水的回收率。抛光的表面可以让水很容易地在表面流动,从而加强了对露水的收集。光滑的有机玻璃表面每天能收集 0.21 L/m^2 的露水,而粗糙表面每天仅能收集 0.1 L/m^2 的露水。

影响露水凝结的另一个材料特性是材料的质量,它会影响冷凝器降低温度的能力,因为质量较高的冷凝器具有较高的热惯性。因此,为防止土壤(或冷凝器框架)与露水冷凝器表面之间的传热,冷凝器下方的绝热层是必要的。例如,在印度西北部,一项对普通、未绝热的瓦红镀锌铁屋顶的研究中测量到了其最高冷却温度为 $2 \, ℃$,而使用具有较高发射率的铝箔进行热绝缘的冷凝器的最大冷却温度约为 $3.4 \sim 3.7 \, ℃$。

除了具有轻质、高润湿性和与地面的热绝缘外,冷凝器材料还需要在红外光谱区域具有高发射率,以增强其冷却性能。国际露水利用组织(OPUR)推荐的标准箔是一种白色的亲水性箔,由二氧化钛和硫酸钡颗粒嵌入聚乙烯。据报道,该标准箔可以通过在正常环境温度下提供辐射制冷来改善近红外区域的发射特性。同时,它会反射可见光,从而增加了采集露水的时间。红外光谱发射率的提高比表面亲水性的提高对露水产量的提升作用更明显。这说明了材料发射率的重要性,不仅在近红外光谱中需要高发射率,在整个中红外光谱中也需要高发射率。

(2)形状。

从简单的空心结构和非平面的角度来研究露水收集器的形状及其对产量的影响。与 1 m^2 标准平面收集器相比,从空心漏斗状结构中收集到露水的效率更高。标准平面收集器采用一种聚乙烯板,里面嵌入了二氧化钛和硫酸钾的颗粒,倾斜角度为 $30°$。在荷兰的草原地区,一个角度为 $30°$ 的倒金字塔结构收集器比标准的 1 m^2

平面收集器可多收集 20% 的水。同样,在典型的气象条件下(即晴朗的天空、15 ℃的环境温度和 85% 的相对湿度)进行模拟,计算结果表明,与参考板相比,半角为 30°的漏斗形冷凝器的性能提高了 40%。漏斗形状可减少暖空气的流动,并阻挡底部较重的冷空气,从而避免自然对流。

对于非平面收集器,对比三种不同形状的板材:蛋盒形、折纸形和多棱形。相对于蛋盒结构,折纸结构表现出了更好的性能,因为蛋盒结构的顶部是平坦的,阻碍了露水的流动。与平面收集器相比,多棱结构的收集器性能没有显著差异,但当风速增加到 1.5 m/s 以上时,多棱结构冷凝器的效率提高了 40%。

(3) 尺寸。

冷凝器的大小也影响其性能。例如,与四个 1 m² 标准冷凝器相比,占地面积为 900 m² 的冷凝器的露水产量下降了 42%。冷凝器的大尺寸使铝箔能够折叠,这增加了水的停滞,从而影响了辐射制冷效果。当冷凝器的尺寸从 0.16 m² 减少到 0.01 m²,使露水产量从 0.25 L 降低至 0.15 L。冷凝器两个轴(从 10 cm×10 cm 到 5 cm ×5 cm)的尺寸缩小,比一轴保持不变时(从 20 cm ×10 cm 到 10 cm× 10 cm)的露水产量下降更大。这表明存在一种边界效应可降低冷凝器表面的效率。这个问题目前尚未得到详细探讨。

(4) 位置。

辐射露水冷凝器的位置,从倾角、阴影和暴露程度等方面影响露水的凝结。首先,对露水凝结的研究表明,与地平线呈 30°夹角是最佳倾斜角度,可最小化风引起的热交换效应,增加水回收,且不妨碍辐射制冷所需的天空能见度。其次,冷凝器安装在阳光下和树荫下有不同的结果,树荫下的露水产量较高。最后,冷凝器暴露在天空中的程度也影响凝结速率,因为它与辐射制冷有关。

辐射露水冷凝器的优化,即使冷凝器的设计从平板变为更复杂的形状和材料,可以提高产量:30°的最佳倾角会降低风对冷凝器(强对流)的加热效应,通过重力增强对露水的收集。此外,反空心结构(如圆锥体或金字塔)可进一步减少对流的负面后果,包括自由对流。然而,制造空心结构比生产平面冷凝器更为复杂。其次,材料的发射特性可以显著促进露水凝结。标准 OPUR 板材已被证明可促进冷凝表面的冷却。然而,由于该板材是专门制造的,因此成本相当高。目前,一种低成本聚乙烯箔被研究出来,该箔常用于农业生产,其效果优于 OPUR 板材。最后,在 1 m² 标准尺寸下,若冷凝器的规模持续增大,则工作效率有可能降低(40%左右),导致无法收集大量的露水。

4.3.2 主动露水冷凝器

鉴于辐射露水冷凝器的产量低,以及露水形成需要特定环境条件,主动露水冷凝器可能是一种可行的替代方案。虽然相对湿度是影响主动露水冷凝器效率的一个重要因素,但与辐射露水冷凝器相比,主动露水冷凝器受天空发射率、风速和地形覆盖等条件变化的影响较小。因此,它们有可能在更广泛的天气条件下运行。

主动露水冷凝器有个人级设备,每天可产生 15～50 L 水,也有更大的工业级设备,每天可产生高达 200 000 L 水。主动露水冷凝器的产量远高于辐射露水冷凝器,但主动露水冷凝器通常具有较高的能量需求。尽管有这种缺点,但主动露水冷凝器在其他水源(如饮用水的替代水源)有限的情况下,可作为补充水源使用。

主动露水冷凝器通常使用再生干燥技术或通过冷却冷凝系统将被困空气温度降到露点温度,从而使水蒸气凝结并进行收集。早期的主动露水冷凝器采用简单的设计,可保持收集表面低温的时间比辐射露水冷凝器的时间更长。随后的技术发展侧重于使用再生干燥剂,根据使用干燥剂的不同,再生干燥技术被细分为太阳能再生技术、换热器耦合技术、双空气通道和双腔室技术。

1)再生干燥技术

再生干燥技术使用吸湿材料(通过吸附或吸收吸引并容纳水分子的物质)来增加所收集的露水量。硅胶和沸石常被用于主动露水冷凝器。从理论上讲,吸湿材料保持大于自身质量的水量的能力使主动露水冷凝器在提取和保留水方面比辐射露水冷凝器更有效。此外,在中低等运营成本情况下,无需冻结潜在露点即可实现。然而,干燥剂材料的初始成本很高,必须定期更换干燥剂床。再生干燥剂冷凝器通常包括可暴露在潮湿空气中的吸湿材料,以及一个刺激源(如太阳能或热交换器)来提取空气中的水,在内置或外部储层中收集水。应当强调,有些设备(如太阳能再生)依靠太阳辐射加热干燥剂,不需要额外的能源。这些装置不能被视为有源冷凝器,但本节中将其纳为再生干燥剂冷凝器的类型之一。

常见的再生干燥冷凝技术包括太阳能再生技术、换热器耦合技术、双空气通道和双腔室技术。

(1)太阳能再生技术。

这种类型设备的初步设计包括固体或液体干燥剂,用于从潮湿的空气中吸收水蒸气,随后通过加热干燥剂、冷凝蒸发过程将水回收。例如,一种装置使用暴露在夜间空气中的高表面积的木材吸收了高达 30% 的干木重量的水分。白天,木材被存放在一个有大窗户和玻璃天花板的区域,利用太阳的热量蒸发木材中的水分。然后,空气被排出到阴凉处,在那里空气中的水分被凝结并收集到水库中,同时空气被重新循环回木材,以携带更多的水分并重复循环。一些装置还使用不同的吸湿材料,如锯木、硅胶和回收报纸等来吸收水分。有一种玻璃金字塔形状的装置(见图 4-14),该装置具有多层太阳能系统,可从潮湿空气中抽取水分,用锯木和布料作为干燥剂床体,其中装有 30% 饱和浓缩氯化钙溶液。在夜间,金字塔的玻璃边被打开,让干燥剂充分吸收潮湿的空气;在白天,玻璃边被关闭,利用太阳辐射从床体材料提取水分。最后,水分蒸发并凝结在金字塔的顶部,并通过中间圆锥体和玻璃边流到外部储存层中。

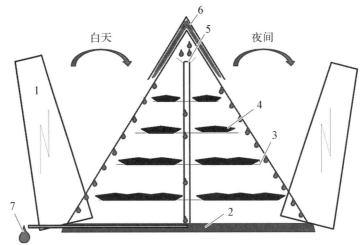

1—玻璃门;2—金字塔基底;3—支架;4—床体;5—搜集锥;
6—隔离式冷凝器;7—收集的水。

图 4 - 14 带架子的玻璃金字塔冷凝装置

类似的装置也应用在呼吸器中,呼吸器外壳有良好的通风性能,内部有硅胶,由于两者之间的温度和压力差异,允许空气与呼吸机内气体进行交换。呼吸机外壳被涂上了一层暗黑色的油漆,以便在白天最大限度地吸收热量,加热内部硅胶,使其被激活,允许释放所含水分,产生温暖的潮湿空气。硅胶位于一张有槽的床上,使其能够在夜间收集水分。类似的机制可以在不同的设计中应用,例如将几个锥形的薄金属板垂直堆叠,中间放置干燥剂:在夜间,金属板的末端被升起,使干燥剂暴露于凉爽潮湿的空气中,水分在白天凝结。此外,回收的报纸也可被用作图 4 - 14 中玻璃金字塔室中的干燥剂。

带再生干燥剂材料的收集器设计适用于各种环境,可通过改变干燥剂类型和收集器的结构进行优化。对于温差较大的潮湿热带地区,研究人员研发了如图 4 - 15 所示装置,该装置包括玻璃顶层,然后是粗糙的颗粒硅胶吸水层,再加一层非吸水材料,如堆叠 3～5 m 高的石头,最后在底部设置风扇提供气流并进行回收。该装置的宽度为 100～200 m,长度达 15 m。在凉爽、潮湿的夜间,水蒸气随空气由下到上,通过非吸水层并冷却,然后到达吸水层被吸附到硅胶材料中。白天,热空气以相反的顺序向反方向流动,从硅胶中解析出水蒸气向下流入石块(热交换层),水蒸气在与冷却表面接触时凝结,然后流入蓄水池。白天阶段的气流也可以由散热器辅助。该结构在 24 小时内每平方米吸附表面可吸收 10～15 L 的水。

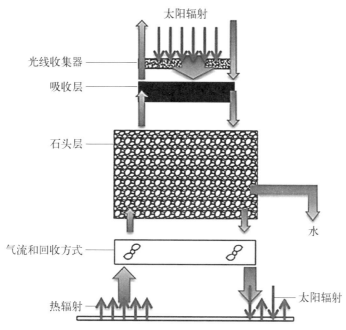

图 4-15 带再生干燥剂材料的收集器

（2）换热器耦合技术。

相对于太阳能再生技术，使用热交换器再生干燥剂床（即换热器耦合技术）可消除与太阳能相关的时间限制，并能更好地控制需要的能量。如图 4-16 展示了装有太阳辐射收集器、带干燥剂床的吸附层和空气挡板的露水收集装置。该装置配有一个栅格收集储液罐（位于冷凝器下方），一个风扇位于太阳辐射收集器下方，用于引导空气通过。进气口位于空气挡板区，在夜间开放，空气进入后，气流被分成两部分，一部分气流通过冷凝器和储热罐冷却。另一部分空气直接进入吸附剂层，空气中的水分被吸附。这两股气流在通过排气口流出之前汇聚在一起。在白天，空气挡板是关闭的，加热器聚集了太阳辐射能，加热其中的空气，将吸附剂中的水分释放到两股空气中。其中一股流到冷凝器，释放出一些水分，另一股通过吸附剂层回收，继续吸收更多的水分。

（3）双空气通道和双腔室技术。

采用再生干燥剂的较新颖冷凝器设计是使用多种通路和腔室，其目的是最大限度地提取水分，提高批量处理效率。此类设计包括可与移动能源（如汽车）耦合的便携式设备等。

有研究者描述了另一种包含水处理步骤的双腔室装置。封闭的腔室通过风扇接收空气，然后加热到 75～82 ℃，并暴露在干燥剂中，干燥剂预先吸收了周围空气中的水分，热空气进入干燥剂被加湿后，通过冷凝器线圈，冷凝器收集凝结液滴入

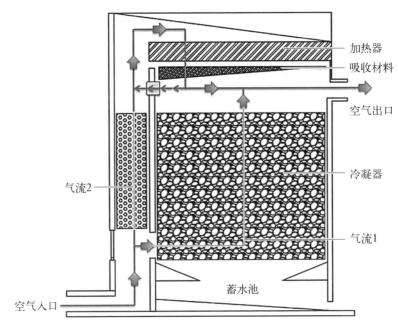

图 4 - 16　采用换热器耦合干燥技术的新型露水收集器

收集罐。该装置利用计算机进行设置,每天对干燥剂进行一次额外的加热,以净化干燥剂,并在其中注入露天的环境空气以提供水分。收集的水暴露在紫外线下,然后通过含有碳、锌或银的活性沸石过滤器过滤,最后收集到储液罐中。

2)冷却冷凝系统

第二类主动露水冷凝器包含制冷系统的组件,以提供冷却表面使冷凝发生。这些设备通常包含压缩机、冷凝器和蒸发器,并通过携带制冷剂的导管连接。这类冷凝器除压力阀、进气口、出气口、储水器外,通常都装在一个矩形容器中,这种结构的优点是较低的初始成本、运行成本和维护成本。另外,即使在环境温度高于露点温度时,制冷机构也可以收集露水,这可能使它们比辐射露水冷凝器更有效。这类冷凝器的缺点包括蒸发器盘管可能结冰,以及在空气流量低时成本效益低,这些问题已在较新型号的设备中分别通过绝缘压缩机和可编程循环压缩机解决。

(1)冷却液设计。

有这样一种类似房屋的壳体设计,该壳体具有可供风进出的口,并且位于大型水体附近,那里的空气温暖潮湿。壳体内部设有第一个冷却散热器管线,该管线通过导管与位于土壤表面下方的第二个管线连接,第二个管线处于较低的温度环境当中。冷却液通过风车驱动,在管线中流动。进入壳体的热空气在流经盘管时被冷却,从而使冷凝的水滴顺着盘管向下流动,并通过导管将其输送到配置的蓄水池中。

另外,便携式大气水发生器还使用冷却液从温度和湿度变化的环境空气中获取饮用水,通常每天产生 20～50 L 水。它们还包含内置的过滤系统,消除了对单独水处理装置的需要。在运行时,空气利用风扇通过空气过滤器进入设备中,该空气过滤器可以过滤掉碎屑;再通过压缩机的蒸发器和冷凝器盘管,冷凝通过其中的水蒸气。蒸发器引起液体制冷剂蒸发,从而使空气冷却,将水凝结到储罐中进行收集。压缩机和冷凝器使制冷剂返回其液态。冷凝液被收集在一个收集盘,并被引导到一个容器中,在该容器中施加紫外线以杀死 99.9% 的微生物。一旦收集到足够量的水,便将水通过滤水器过滤进第二个水库,并在其中进行二次紫外线杀毒。如果气压传感器检测到紫外线灯故障或需要更换或清洁过滤器时,则暂停处理。一旦外部或内部容器装满,并且水流可以转移到辅助容器中,传感器就会检测出并停止出水。

(2)地面耦合热交换器。

地面也可以用作散热器,以自然地诱导冷凝。然而,这种方法或装置的一个缺点是地下管道容易受到污染并且难以清洁。该装置一般包含一个埋在土壤表面下的冷热交换器或处于或接近地下温度的水体。在地面上,集水漏斗将空气引入系统,通过热交换器,通过出水阀流出,并进入蓄水池来冷凝水。出口阀可以调节流速,以增加空气在热交换器内的停留时间,以便形成足够多的冷凝水。如图 4-17 所示,描述了一个更简单的装置,它只用一个延伸到地面的黑体管道,工作原理与上述描述相同。此外,其配置一种带有涡轮机和蒸发器管道的壳体装置,涡轮机连接到为制冷系统提供动力的发电机上。该机组安装在塔上,使其受风力作用,自动旋转。蒸发器的冷却作用导致空气下沉,使机组处于较低的位置,从而使空气密度更大。与此相似的设计包含一个位于地面下方 6 英尺(1 英尺=0.304 8 米)的腔室,里面有风扇,能够帮助空气在几个管道中循环。当气温高于或低于地表温度时,形成一个温度梯度,从而使凝结水被收集起来。

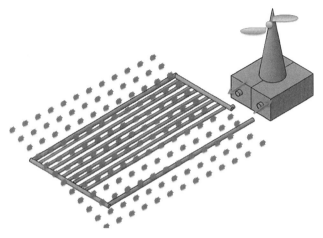

图 4-17　带有可旋转涡轮塔的地面耦合换热器装置

4.4 辐射制冷技术在太阳能电厂中的应用

在目前所有可再生能源发电技术中,聚光太阳能热发电技术(concentrating solar power,CSP)正走在最前列,并可能成为满足世界未来电力需求的首选技术。据估计,到 2050 年,聚光太阳能热发电可满足全球 11% 的电力需求。具备蓄能的 CSP 电站,即使在多云或日落后也能产生高容量因数的可调度电力,适合作为基础负荷供电的备选。

世界各地的许多研究者正在进行提高 CSP 工厂性能的研究和项目开发。中央接收系统(central receiving system,CRS)目前引起了研究人员的广泛关注,其可实现的操作温度高达 800 ℃,使实现更高的热效率和更好性能的蓄热器成为可能。超临界二氧化碳(S-CO₂)循环可以达到更高的热效率,比过热蒸汽循环温度高 470 ℃,这使它适合作为高温热源提供给 CRS 电厂使用。在干燥冷却条件下,中央接收系统(CRS)的再压缩和部分冷却 S-CO₂ 循环配置的热效率高于 50%。CRS 散热器的温度是实现高效热功率循环的一个重要因素。CRS 通过降低排热温度来提高系统能量转换效率。可通过在体系中加入有机兰金循环作为底循环来改善 S-CO₂ 循环的性能。最小循环温度对循环性能的影响大于最大循环温度对循环性能的影响。因此,任何对冷却系统的改进都可能大大节省能源和提高系统性能。

由于效率和经济上的优势,目前的火电厂大多采用水冷却技术。根据美国能源部的研究,美国 99% 以上的基础负荷热电厂都在使用湿式冷却系统,因此电厂冷却用水越来越受到关注。此外,CSP 系统需要充足的太阳直接辐射才能有效工作,所以 CSP 电厂的最佳选址是炎热和干燥的地区,但那里可用的冷却用水更加稀缺和昂贵。因此,寻找一种有效的方法,以最少或不用水的方式,从电源块散发低等级的热量,成为先进的 CSP 电厂的一个基本设计挑战。

CSP 装置耗水量的固有限制是电厂采用的是干式冷却而非湿式冷却的驱动力。干式冷却系统有三个主要缺点。首先,干式冷却过程的冷却温度受到环境干球温度(dry bulb temperature,DBT)的限制,而不是蒸发湿冷却过程的湿球温度(wet bulb temperature,WBT)限制。DBT 通常高于 WBT,这取决于湿度。干旱地区年平均 DBT 和 WBT 的差值往往高达 10 ℃。其次,空气的热容量低,换热率低,故必须保持空气和工作流体之间的较大温差。对于逆流式热交换器,这一温差为入口冷却介质和出口冷却流体的温度差。再次,干冷式换热器的体积大得多,寄生负荷要求高。总的来说,干冷电厂的热效率较低。

近些年来,量身定制的热辐射结构在能源系统如局部加热、热光电和冷却系统中有许多应用。而辐射制冷器可以被动地通过向具有所需表面辐射特性的外层空间辐射热量来冷却自己。使用寒冷的外层空间作为散热器是克服与干式冷却技术相关的性能损失的有效方法。虽然辐射制冷在过去已经被提出可用于不同的能源系统,但需要更多的努力来优化辐射制冷技术,使大众认识到其作为一种有效的冷却方法的潜力,以弥补由于干燥冷却而造成的热效率损失。

如图 4 - 18 所示为中央接收系统(CSP)结合辐射制冷器和空气冷却器的工作原理示意图,在空气冷却器之后将辐射制冷器集成到循环中,从而在工作流体进入压缩机之前进一步降低工作流体的温度。太阳辐射通过定日镜场集中在接收器上。在动力循环中,热量被工作流体吸收到接收器内部,在循环中产生净机械功,低品位的热量通过干冷系统冷却并被排到散热器中。

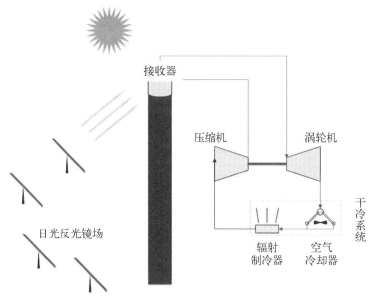

图 4 - 18　中央接收系统(CSP)结合辐射制冷器和
空气冷却器的工作原理示意图

4.4.1　S - CO₂循环

目前,CSP 电厂使用合成油、熔盐或蒸汽作为传热流体,吸收太阳能接收器中的热量,并将其传递到动力循环系统中。这些传热流体具有限制装置性能的特性。合成油的工作温度上限为 400 ℃,硝酸盐的工作温度上限为 590 ℃ 且要面临冻结问题,使用蒸汽则需要复杂的流控制系统。但使用 CO_2 作为常见的介质动力循环系统的工作流体将消除温度限制,且使系统损失较低。

在布雷顿动力循环中使用 CO_2 作为工作流体可以追溯到 20 世纪 60 年代。在早期设计中,使用泵将工作流体压缩为液体或部分液相。然而,由于 CO_2 的临界温度低(31.26 ℃),其循环需要低温冷却水,这在大部分地区是不可能实现的,特别是太阳能资源丰富的地区。因此,低温冷却要求促使了完全气态超临界 CO_2 循环(简称 S-CO_2循环)的发展。

1) 简单 S-CO_2 循环

简单的 S-CO_2 循环如图 4-19 所示,低温、低压的 CO_2 进入压缩机(点①),离开压缩机(点②)的 CO_2 在回热器内被预热,吸收涡轮排气流的余热。从回热器流出的气流通过加热器(点③),即 CRS 装置中的太阳能接收器,集中的太阳照射在加热器上转化为热能,温度高达 800 ℃。高温、高压的 CO_2 从加热器中出来,进入涡轮机(点④),通过扩大涡轮内部空气流动产生机械功。高温、低压的涡轮排气流通过回热器(点⑤),将热量传递给来自压缩机的低温流。从回热器流出的低温、低压流通过将其热量排到散热器而在冷却器内部进一步冷却(点⑥)。工作流体在到达压缩机入口前回到初始状态,完成循环。

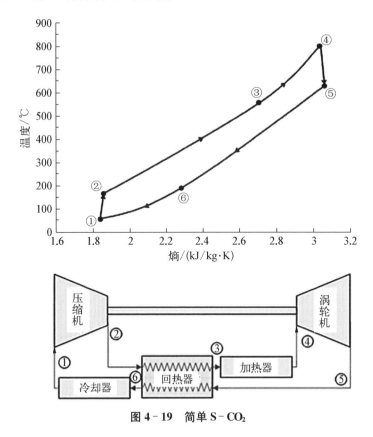

图 4-19 简单 S-CO_2

2) 再压缩 S-CO_2循环

S-CO_2循环是高度再生的热系统。但是在简单 S-CO_2循环中,回热器内热流和冷流的热容率之间的差异导致了夹点问题。此外,在简单 S‑CO₂循环中,回热器内部的大温差是一个不可逆性源。再压缩 S‑CO₂循环(见图 4‑20)是克服这些问题的有效方法。再压缩 S‑CO₂循环采用两个回热器,经过低温回热器(low temperature regenerator,LTR)后,工作流体被分为两股:一部分流经冷却器和主压缩机,而其余部分流体则在二次压缩机中增压,实现无任何热量损失传输到冷槽。两流在点③混合,进入高温回热器(high temperature regenerater,HTR)。在再压缩 S‑CO₂循环中,回收器内部的不可逆性可以通过更好地匹配 HTR 的冷热流热容而降低。

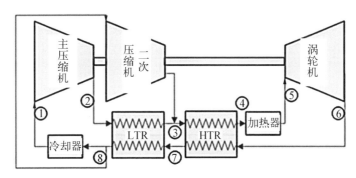

图 4‑20　再压缩 S‑CO₂循环

4.4.2　S‑CO₂循环模型

简单 S‑CO₂和再压缩 S‑CO₂循环部件的能量平衡方程如表 4‑1 所示。

动力循环模型的建立基于以下假设:

(1) S‑CO₂循环在稳态条件下运行。

(2) 工作流体始终在加热器和冷却器的出口达到指定的温度。

(3) 忽略所有部件的热量和压力损失。

(4) 压缩和膨胀过程是绝热的。

表 4‑1　简单 S‑CO₂和再压缩 S‑CO₂循环部件的能量平衡方程

简单 S‑CO₂	能量平衡	再压缩 S‑CO₂	能量平衡
加热器	$\dot{q}_H = h_4 - h_3$	加热器	$\dot{q}_H = h_5 - h_4$
涡轮机	$\dot{w}_H = h_4 - h_5$	涡轮机	$\dot{w}_T = h_5 - h_6$
同流换热器	$h_3 - h_2 = h_5 - h_6$	HTR	$h_6 - h_7 = h_4 - h_3$
冷却器	$\dot{q}_L = h_6 - h_1$	LTR	$SR(h_3 - h_2) = h_7 - h_8$
压缩机	$\dot{w}_{MC} = h_2 - h_1$	冷却器	$\dot{q}_L = SR(h_6 - h_1)$
		主压缩机	$\dot{w}_{MC} = SR(h_2 - h_1)$
		二次压缩机	$\dot{w}_{MC} = (1 - SR)(h_2 - h_1)$

表 4-1 中,h 是每一点的工作流体焓,$\dot{m}$ 是每一点的总流量。该表显示了循环各组成部分的能量平衡方程。

采用等熵效率设计点模型计算涡轮机和压缩机的性能,以进口工况作为设计参数。通过确定效率因子,HTR 被建模为一个逆流式热交换器。对于再压缩循环,高温流的有效性被设定为设计目标有效性,该设计目标有效性决定了低温循环的有效性,有

$$E_{\text{Hotstream}} = \frac{h_6 - h_8}{h_6 - h_8(T_2, P_8)} \qquad (4-14)$$

这里,h 是每一点的工作流体焓。分母是假设在 LTR 出口温度达到 T_2 时,热流可能传递的最大热量。在这个模型中,热流和冷流之间的最小夹点温度也被强制执行。通过一系列增量式的次热交换来比较冷热流体的温度分布,以确保不违反回热器中最小夹点温度的限制。分流比(split ratio, SR)是再压缩 S-CO$_2$ 循环的一个重要设计参数,定义为通过主压缩机的流量与循环中工作流体的总流量之比。考虑 LTR 冷流出口和二次压缩机出口相同的温度和压力以及 LTR 的能量平衡,可以由下式计算出 SR:

$$\text{SR} = \frac{\dot{m}_2}{\dot{m}_7} = \frac{h_7 - h_8}{h_3 - h_2} \qquad (4-15)$$

选择第一定律热效率作为功率循环的性能指标:

$$\eta = \frac{\dot{w}_T - \dot{w}_{\text{MC}} - \dot{w}_{\text{RC}}}{\dot{q}_h} \qquad (4-16)$$

简单 S-CO$_2$ 循环和再压缩 S-CO$_2$ 循环的设计参数如表 4-2 所示。

表 4-2　简单 S-CO$_2$ 循环和再压缩 S-CO$_2$ 循环的设计参数

名　　称	取　　值
涡轮机效率/%	93
压缩机效率/%	89
热交换器效率/%	95
冷却器出口温度/℃	32～65
最大压力/MPa	25
最低压力温度/℃	5
加热器出口温度/℃	500～850
增压比	1～5

图 4-21 到图 4-24 描述了简单 S-CO$_2$ 及再压缩 S-CO$_2$ 循环在辐射制冷强化的详细条件下的性能。对于每种情况,总冷却负荷、空气冷却负荷、辐射冷却负

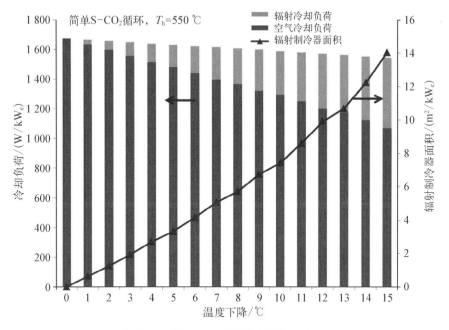

图 4-21　辐射制冷器面积和冷却器负荷与散热器温度下降的
关系(简单的 S-CO₂, T_h=550 ℃)

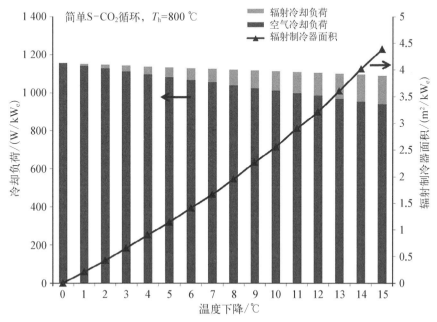

图 4-22　辐射制冷器面积和冷却器负荷与散热器温度下降的
关系(简单 S-CO₂ T_h=800 ℃)

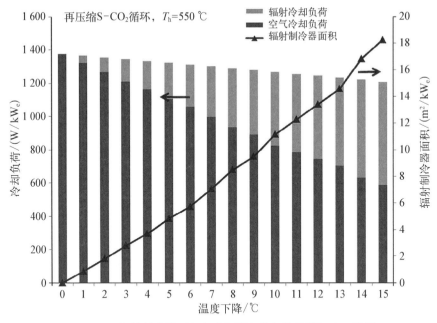

图 4 - 23 辐射制冷器面积和冷却器负荷与散热器温度下降的
关系(再压缩 S - CO₂, $T_h = 550\ ℃$)

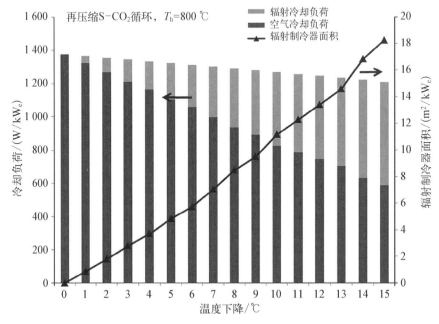

图 4 - 24 辐射制冷器面积和冷却器热负荷与散热器温度下降的
关系(再压缩 S - CO₂, $T_h = 800\ ℃$)

荷三部分的份额,以及所需的辐射制冷器面积,被一一明确。这里假设表面与周围环境之间不存在对流传导传热,仅表现出辐射制冷效应,且散热器表面温度均值 T_s 被假定为辐射制冷器进口和出口温度的平均值。通过降低循环的最低温度,使系统热效率增加,循环的总排热量下降。辐射制冷器内部较大的温度下降将更多的冷却负荷从空气冷却器转移到辐射制冷器,这意味着在空气冷却器部分可以使用功率较小的热交换器和风扇。

所需的辐射制冷器面积,以及使用辐射制冷技术影响空气冷却器性能后使工作流体温度降低 15 ℃ 的不同配置可以概括为如下几点。

对于 $T_h = 550$ ℃ 的简单 S-CO₂ 循环:14.02 m²/kWₑ 的辐射制冷器表面是必需的,此时,空气冷却器负荷下降 36.1%,总冷负荷减少了 7.61%。

对于 $T_h = 550$ ℃ 的再压缩 S-CO₂ 循环:18.26 m²/kWₑ 的辐射制冷器表面是必需的,此时,空气冷却器负荷下降 57.3%,总冷负荷减少了 12.61%。

对于 $T_h = 800$ ℃ 的简单 S-CO₂ 循环:4.38 m²/kWₑ 的辐射制冷器表面是必需的,此时,空气冷却器负荷下降 18.5%,总冷负荷减少了 5.64%。

对于 $T_h = 800$ ℃ 的再压缩 S-CO₂ 循环:10.46 m²/kWₑ 的辐射制冷器表面是必需的,此时,空气冷却器负荷下降 46%,总冷负荷减少了 9.48%。

很明显,使用辐射制冷技术来补偿较低的 T_h 值时的干式冷却,会导致冷却负荷向辐射制冷器转移更多,需要更大的辐射制冷面积。与相同热源温度下的简单 S-CO₂ 循环相比,再压缩 S-CO₂ 循环所需的辐射面积更大,这是因为再压缩 S-CO₂ 循环的辐射制冷器内的工作流体的热容量更高。结果表明,评估作为辅助冷却方案的辐射制冷技术的可行性,需要对功率循环和冷却器结构进行完整的分析。虽然简单 S-CO₂ 循环的性能改进小于再压缩 S-CO₂ 循环的性能改进,但更小的热交换面积使得简单 S-CO₂ 循环成为一个有吸引力的选择。

参 考 文 献

[1] Yellot J, Hay H. Natural cooling with roof pond and movable insulation[J]. ASHRAE Trans, 1969, 1(75): 77 - 165.

[2] Kharrufa S N, Adil Y. Roof pond cooling of buildings in hot arid climates[J]. Building and Environment, 2008, 43(1): 82 - 89.

[3] Parker D S. Theoretical evaluation of the night cool nocturnal radiation cooling concept[R]. Florida: U.S. Department of Energy, 2005.

[4] Eicker U, Dalibard A. Photovoltaic-thermal collectors for night radiative cooling of buildings[J]. Solar Energy, 2011, 85(7): 1322 - 1335.

[5] Fiorentini M, Cooper P, Ma Z. Development and optimization of an innovative HVAC

system with integrated PVT and PCM thermal storage for a net-zero energy retrofitted house[J].Energy&Buildings, 2015, 94(7): 21 - 32.

[6] Lin W, Ma Z, Sohel M I, et al. Development and evaluation of a ceiling ventilation system enhanced by solar photovoltaic thermal collectors and phase change materials[J].Energy Conversion and Management, 2014, 88: 218 - 230.

[7] Heidarinejad G, Farahani M F, Delfani S. Investigation of a hybrid system of nocturnal radiative cooling and direct evaporative cooling[J].Building and Environment, 2010, 45(6): 1521 - 1528.

[8] Farahani M F, Heidarinejad G, Delfani S. A two-stage system of nocturnal radiative and indirect evaporative cooling for conditions in Tehran[J]. Energy and Buildings, 2010, 42(11): 2131 - 2138.

[9] Chotivisarut N, Kiatsiriroat T. Cooling load reduction of building by seasonal nocturnal cooling water from thermosyphon heat pipe radiator[J]. International Journal of Energy Research, 2010, 33(12): 1089 - 1098.

[10] Lu S M, Yan W J. Development and experimental validation of a full-scale solar desiccant enhanced radiative cooling system[J].Renewable Energy, 1995, 6(7): 821 - 827.

[11] Ahmed-Hamza-H A. Desiccant enhanced nocturnal radiative cooling-solar collector system for air comfort application in hot arid areas[J].Sustainable Energy Technologies&Assessments, 2013, 1: 54 - 62.

[12] Yi M, Yang H, Spitler J D, et al. Feasibility study on novel hybrid ground coupled heat pump system with nocturnal cooling radiator for cooling load dominated buildings[J]. Applied Energy, 2011, 88(11): 4160 - 4171.

[13] Zingre K T, Wan M P, Tong S, et al. Modeling of cool roof heat transfer in tropical climate [J].Renewable Energy, 2015, 75: 210 - 223.

[14] Hodo-Abalo S, Banna M, Zeghmati B. Performance analysis of a planted roof as a passive cooling technique in hot-humid tropics[J].Renewable Energy, 2012, 39(1): 140 - 148.

[15] Santamouris M, Synnefa A, Karlessi T. Using advanced cool materials in the urban built environment to mitigate heat islands and improve thermal comfort conditions[J]. Solar Energy, 2011, 85(12): 3085 - 3102.

[16] Wendy M, Glenn C, John B. Analysis of cool roof coatings for residential demand side management in tropical australia[J].Energies, 2015, 8(6): 5303 - 5318.

[17] Gentle A R, Aguilar J, Smith G B. Optimized cool roofs: Integrating albedo and thermal emittance with R-value[J].Solar Energy Materials and Solar Cells, 2011, 95(12): 3207 - 3215.

[18] Taleghani M, Tenpierik M, Dobbelateen A V D, et al. Heat mitigation strategies in winter and summer: Field measurements in temperate climates[J].Building&Environment, 2014, 81: 309 - 319.

[19] Raman A P, Anoma M A, Zhu L, et al. Passive radiative cooling below ambient air temperature under direct sunlight[J].Nature, 2014, 515(7528): 540 - 544.

[20] Hossain M M, Jia B H, Gu M. Metamaterials: A metamaterial emitter for highly efficient

radiative cooling(advanced optical materials 8/2015)[J].Advanced Optical Materials, 2015, 3(8): 980 - 980.

[21] Zhu L X, Fan S. Near-complete violation of detailed balance in thermal radiation[J]. Physical Review B, 2014, 90(22): 220301.

[22] Levinson R, Akbari H. Potential benefits of cool roofs on commercial buildings: conserving energy, saving money, and reducing emission of greenhouse gases and air pollutants[J]. Energy Efficiency, 2010, 3(1): 53 - 109.

[23] Hosseini M, Akbari H. Effect of cool roofs on commercial buildings energy use in cold climates[J].Energy and Buildings, 2016, 114(15): 143 - 155.

[24] Shockley W, Queisser H J. Detailed balance limit of efficiency of p-n junction solar cells[J]. Journal of Applied Physics, 1961, 32(3): 510 - 519.

[25] Royne A, Dey C J, Mills D R. Cooling of photovoltaic cells under concentrated illumination: a critical review[J].Solar Energy Materials & Solar Cells, 2005, 86(4): 451 - 483.

[26] Teo H G, Lee P S, Hawlader M N A. An active cooling system for photovoltaic modules [J].Applied Energy, 2012, 90(1): 309 - 315.

[27] Moharram K A, Abd-Elhady M S, Kandil H A, et al. Enhancing the performance of photovoltaic panels by water cooling[J].Ain Shams Engineering Journal, 2013, 4(4): 869 - 877.

[28] Akbarzadeh A, Wadowski T. Heat pipe-based cooling systems for photovoltaic cells under concentrated solar radiation Appl[J].Thermal Engineering, 1995, 16(1): 81 - 87.

[29] Zhang Y, Du Y P, Shum C, et al. Efficiently-cooled plasmonic amorphous silicon solar cells integrated with a nano-coated heat-pipe plate[J].Rep, 2016, 6: 24972.

[30] Zhu L X, Raman A P, Wang K X Z, et al. Radiative cooling of solar cells[J].Optica, 2014, 1(1): 32 - 38.

[31] Zhu L X, Raman A P, Fan S H. Radiative cooling of solar absorbers using a visibly transparent photonic crystal thermal blackbody[J].Proceedings of the National Academy of Sciences, 2015, 112(40): 12282 - 12287.

[32] Li W, Shi Y, Chen K F, et al. A comprehensive photonic approach for solar cell cooling[J]. ACS Photonics, 2017, 4(4): 774 - 782.

[33] Saga T. Advances in crystalline silicon solar cell technology for industrial mass production [J].Npg Asia Materials, 2010, 2(3): 96 - 102.

[34] Smith D D, Cousins P J, Masad A, et al. Sun power's maxeon gen III solar cell: high efficiency and energy yield[C]Honolulu: Photovoltaic Specialists Conference.IEEE, 2014.

[35] Neuhaus D H, Adolf M. Industrial silicon wafer solar cells[J].Advances in OptoElectronics, 2007, 2007: 24521.

[36] Green M A, Emery K, Hishikawa Y, et al. Solar cell efficiency tables(version 48)[J]. Progress in Photovoltaics: Research and Applications, 2016, 24(7): 905 - 913.

[37] Kurtz S. Opportunities and challenges for development of a mature concentrating photovoltaic power industry(revision)[J].Office of scientific and Technical Information Technical Reports, 2012, 32(7): 737 - 741.

[38] Benítez P, Miñano J C, Zamora P, et al. High performance Fresnel-based photovoltaic concentrator[J]. Optics Express, 2010, 18(S1): 25 - 40.

[39] Jonza J M, Lorimor L E, Venkataramani S. Multilayer polymer film with additional coatings or layers: US, 20020015836[P/OL]. 2001 - 04 - 16[2002 - 02 - 07]. http://www.freepatentsonline.com/y2002/0015836.

[40] Weber M F, Stover C A, Gilbert L R, et al. Giant birefringent optics in multilayer polymer mirrors[J]. Science, 2000, 287(5462): 2451 - 2456.

[41] Beysens D, Muselli M, Milimouk I, et al. Application of passive radiative cooling for dew condensation[J]. Energy, 2006, 31(13): 2303 - 2315.

[42] Beysens D. The formation of dew[J]. Atmospheric Research, 1995, 39(1 - 3): 215 - 237.

[43] Warreent McCabe, Smith J C. Unit Operation of Chemical Engineering[M]. New York: McGraw-Hill, 1993.

[44] Alnaser W E, Barakat A. Use of condensed water vapour from the atmosphere for irrigation in Bahrain[J]. Applied Energy, 2000, 65(1 - 4): 3 - 18.

[45] Beysens D, Milimouk I, Nikolayev V, et al. Using radiative cooling to condense atmospheric vapor: a study to improve water yield[J]. Journal of Hydrology, 2003, 276(1 - 4): 1 - 11.

[46] Ellsworth J. Composite desiccant and air-to-water system and method: 8506675[P]. 2013 - 08 - 13.

[47] Clus O, Ouazzani J, Muselli M, et al. Comparison of various radiation-cooled dew condensers by computational fluid dynamic[J]. Desalination, 2009, 249(2): 707 - 712.

[48] Beysens D, Clus O, Mileta M, et al. Collecting dew as a water source on small islands: the dew equipment for water project in Bisevo(Croatia)[J]. Energy, 2007, 32(6): 1032 - 1037.

[49] Lekouch I, Lekouch K, Muselli M, et al. Rooftop dew, fog and rain collection in southwest morocco and predictive dew modeling using neural networks[J]. Journal of Hydrology, 2012, 448 - 449: 60 - 72.

[50] Clus O, Ortega P, Muselli M, et al. Study of dew water collection in humid tropical islands[J]. Journal of Hydrology, 2008, 361(1): 159 - 171.

5 辐射制冷技术在 MEMS 热电发电中的应用

热电材料、热电器件是辐射制冷系统得以实现应用的关键。本章主要介绍微机电系统(MEMS)技术及其在热电器件中的应用、热电材料的加工工艺研究进展，同时详细介绍 MEMS 发电芯片和基于 MEMS 热电器件的辐射制冷发电器件的设计、加工、表征及应用。

5.1 微机电系统(MEMS)

5.1.1 MEMS 简介

MEMS(micro-electro-mechanical systems)被称为微电子机械系统，也被称为微机电系统，MEMS 技术是在 IC(集成电路)技术基础上发展起来在微米或纳米加工尺度上的高新技术[1,2]。MEMS 技术是一门涉及机械、微电子、物理、化学、光学、生物学、材料学等交叉学科的综合技术，也是对微米或纳米材料进行设计、加工、制造、测量和控制的技术[3]。同时，MEMS 技术是一种系统集成技术，它将机械结构、光学部件、驱动结构、电控系统等集成为一个整体单元，从而形成一个具有特定功能的微型系统[4]。MEMS 器件组成结构及其工作原理如图 5-1 所示。MEMS 技术是从微电子加工技术转化而来。MEMS 这种称谓是沿用美国的说法，目前在国际上还没有一个统一的定义和标准，其在欧洲被称为 Micro system[5]，在日本则被称为 Micro machine[6, 7]。

MEMS 技术是以硅加工技术为基础发展起来的新技术[5,8]，其加工尺寸在微米及纳米尺度，加工的整个器件或系统尺寸可达毫米和厘米尺寸[9,10]。随着 MEMS 技术的发展，包括硅在内的越来越多的材料被应用于 MEMS 领域。根据材料在 MEMS 器件中所起的作用，可以将 MEMS 应用材料分为结构材料和功能材料[11, 12]。结构材料一般是指那些在 MEMS 器件中起支撑等作用以实现其力学功能的材料。常用的结构材料有硅、二氧化硅、陶瓷、玻璃、金属、金属薄膜及部分有机物(SU-8 光

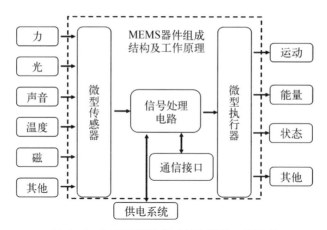

图 5 - 1　MEMS 器件组成结构及其工作原理

刻胶、聚酰亚胺等)等,这些材料可以作为衬底材料也可以加工成微机械结构。功能材料指的是那些对于光、热、力、声、电、磁等物理(生化)作用具有一定反馈效应的材料。常见的功能材料有电学电子功能材料[钛酸钡(BT)、锆钛酸铅(PZT)、聚偏氟乙烯(PVDF)、β - Al_2O_3、氧化锌系陶瓷等]、磁学功能材料(CoNiMnP、AlNiCo 等)、光学功能材料[氟化钙(CaF_2)、氟化镁(MgF_2)、硒化锌(ZnSe)、硫化锌(ZnS)等]、化学功能材料[氧化锡(SnO)、氧化锌(ZnO)、复合氧化物($MgCr_2O_4$ - TiO_2)等]、热功能材料[碲化锑(Sb_2Te_3)、碲化铋(Bi_2Te_3)、碲化铅(PbTe)、硅锗合金(SiGe)、二氧化锆(ZrO_2)、二氧化钛(TiO_2)等]、生物功能材料[13][CdSe/ZnS 合金、二氧化钛(TiO_2)、四氧化三铁(Fe_3O_4)、碳纳米管、硅纳米线等]等。

目前,根据 MEMS 加工技术在 MEMS 器件、MEMS 系统加工过程中的工艺先后顺序或操作的难易程度,其加工技术可以分为以下几类。

1) 基本加工技术

基本加工技术是在 MEMS 器件或系统加工过程中使用的最基本的、相对单一的加工技术,是完成整个 MEMS 器件或系统所需加工技术的基本技术构成单元。基本加工技术主要是薄膜加工技术,如物理气相沉积(PVD)镀膜技术[分子束外延(MBE)[14]、氧化生长[15]、溅射沉积[16]、蒸发沉积[17]]、化学气相沉积(CVD)镀膜技术[18][常压化学气相淀积(APCVD)、低压化学气相沉积(LPCVD)、等离子增强化学气相沉积(PECVD)等]、旋涂[19]等。薄膜加工技术可以实现金属、非金属和半导体等材料薄膜的加工工艺。光刻技术[20]可以将设计图形向加工材料转移。刻蚀(湿法刻蚀、干法刻蚀、电化学刻蚀、等离子刻蚀等)技术[21]是通过选择性腐蚀或剥离材料的方式进行图形加工的技术。

2) 先进加工技术

先进加工技术是 MEMS 加工工艺过程中能够将基本加工技术复合起来,或者是在基本加工技术基础上发展出来的过程更复杂、手段更先进的技术。先进加工技术可以对采用基本加工技术加工完成的器件进行再加工或组合加工，制备出结构更复杂、质量更高的微型器件。先进的 MEMS 加工技术主要包括键合技术[22]（阳极键合、硅直接键合等）、精密研磨[23]、抛光及化学机械抛光（CMP）[24]、溶胶凝胶沉积法[25]、电铸及注塑[26]、超临界干燥[27]、自组装单层膜[28]、深结构曝光电铸（LIGA）[29]及准 LIGA 技术[30, 31]等。

3）非光刻微加工技术

非光刻微加工技术是除光刻加工技术外的 MEMS 加工技术，它不用通过光刻技术进行图形转移，可直接将设计结构加工出来。非光刻微加工技术主要有超精密机械加工技术[32]、激光加工技术[33]、电火花加工（EMD）技术[34]、丝网印刷技术[35]、微接触印刷技术[36]、纳米压印光刻技术[37]、热压成型技术[38]、超声加工技术[39]等。

MEMS 技术的基本加工工艺流程如图 5-2 所示。

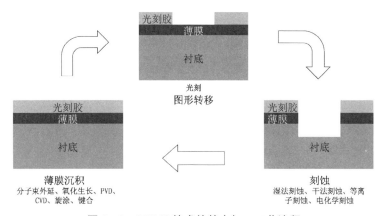

图 5-2　MEMS 技术的基本加工工艺流程

5.1.2　MEMS 技术的发展及应用

1959 年美国科学家理查德·费曼在加州理工学院的物理年会上发表了题为 *"There's Plenty of Room at the Bottom"* 的演讲，首次提出了纳米科学、微机械和微系统的概念，为 MEMS 技术的发展起到了很好的启发作用[40]。在接下来的二十几年时间，集成电路制造技术逐渐成熟。随着集成电路技术的发展，光刻、刻蚀等技术也不断完善，使 MEMS 技术得到了初步发展。此时的微加工技术主要以平面加工为主，不利于微机电系统体结构的加工。以德国卡尔斯鲁厄原子核研究中心在 1986 年开发出来的 LIGA（德语：为 Lithographie，Galvanoformung，Abformung 的缩写）技术[41]为代表，用于深槽加工的体加工技术的出现，扩大了微加工技术在微机电系统的应用，促进了微机电系统的开发和研究。1988 年，美国加州大学利用微机电系统技术研制出了直径为 60 μm,定子和转子间距为 2 μm 的硅马达,该成果极大地促进了微机电系统的发展[42]。1989 年,美国微电子机械加工技术讨论总结报告中首次使用了"MEMS"一词,同时将 MEMS 技术列为未来美国重点研究的技术之一[43]。自此以后,MEMS 技术在世界范围内逐渐被重视起来,并在世界范围内得到了快速地发展。除了美国,世界其他国家也都在微机电系统领域取得很大的进步,紧跟美国步伐的是日本和德国。日本在 1989 年成立了微型机械研究会,联合研究所、高等院校、企业等单位集中开展了微机械方面的研究[44]。1991年,日本推行了"微机械技术"研究计划,规划在 10 年内投入 2 500 万日元对这一研究计划进行支持[45]。德国在 20 世纪 90 年代就将微机械系统列为重点项目,并先后投资 10 亿马克,同时也将微型机械课程设为大学的必修课程[44]。而 LIGA 技术的成功开发就是德国在微机械系统方面取得巨大成就的具体体现[41]。

我国的 MEMS 研究起步于 20 世纪 80 年代,上海冶金研究所、长春光学精密机械与物理研究所、上海光学精密机械研究所等研究所,以及清华大学、东南大学、北京大学、上海交通大学、电子科技大学等高校也都取得了可喜成果。20 世纪 90年代,我国科技部将微电子系统项目列入了"攀登计划",MEMS 项目成为国家重点支持的应用基础研究项目之一。自我国的 MEMS 研究起步以来,国家自然科学基金委员会、国家科技部、国防科工委等部门都对 MEMS 项目给予了极大的支持。虽然目前我国对 MEMS 领域的资金、技术投入对比发达国家还有一定的差距,但是我国在 MEMS 领域的研究优势正在慢慢形成,差距也正在慢慢缩小,有望在将来的 MEMS 技术国际竞争中占据一席之地。

MEMS 技术经过几十年的快速发展,已经取得了相当大的成果。MEMS 器件已经被广泛应用于国防军事、交通、航空航天、医疗器械、日常家电等人类社会生活的各个方面。MEMS 的应用具体可分为以下几类。

1)光学领域

自 1977 年 Petersen 等人演示了由静电力驱动的小悬臂梁驱使光束偏转[5]以来,各种基于 MEMS 技术的光学器件不断被报道出来。MEMS 技术在光学领域的应用涉及光源[46]、光学元件[47]、光学系统的安装与对准[48]、光学传感器[49]等方面。

2)微流控领域

微流控系统是一种利用数十至数百微米的管道处理或操纵少量($10^{-18}\sim10^{-9}$ L)液体的科学和技术系统[50]。MEMS 技术在微流控领域的研究已经具有很长的历史。自 20 世纪 90 年代研究开发出第一个微流控器件以来[51],各种集成微流控系统被逐步开发出来。最初的微流控技术主要用于分析技术,它具有分辨率高、灵敏度高、成本低、分析时间短等优点[52]。随着 MEMS 技术的不断发展,目前微流控器件已经具备筛选蛋白质结晶条件的能力[53, 54]。

3）通信与信息领域

在基于 MEMS 的光学传感器中,有很多传感器被应用于通信系统[55,56]。作为研究热点的全光通信和移动通信中的 MEMS 射频技术[57]、移相器[58]、开关阵列[59]、波分复用器[60]等关键部件的成功设计及制造都得益于 MEMS 技术的发展。在信息行业领域,喷墨打印机的喷嘴[61]、硬盘的数据读写头[62]、数字微镜器件[63]等都是采用 MEMS 技术进行加工制造的。MEMS 技术对于通信和信息行业的繁荣发展起着极大的推动作用,未来通信与信息行业的继续繁荣更加离不开 MEMS 技术的参与。

4）生物技术领域

MEMS 在生物技术领域被称为 Boi‐MEMS,其中使用 MEMS 技术最多的是生物传感器。生物传感器是将生化反应产生的电信号进行放大、转化、输出,从而检测出待测物的浓度或种类。在生物传感器中使用的信号转换结构,主要是微悬臂梁、微电极、微型体声波谐振器及生物敏感场效应晶体管[64-67]。生物传感器因其感受器中含有有机活性物而区别于其他传感器。生物传感器主要有酶传感器[68]、微生物传感器[69]、细胞传感器[70]、组织传感器[71]及免疫传感器[72]。MEMS 技术的发展同样也极大地推动了生物芯片技术的发展。

5.1.3 MEMS 技术的特征

MEMS 技术的应用已经深入到人类社会的方方面面,尽管 MEMS 技术已经得到了快速全面地发展,但是目前仍然保持着旺盛的发展势头。MEMS 之所以具有如此旺盛的生命力,必然有其独特的优势和特征[43,73]。

1）尺寸微型化

MEMS 器件的结构加工尺度可以低至纳米尺度(通常在微米尺度),整个系统尺寸一般最大不超过厘米级别,因此器件尺寸很小。小的尺寸使 MEMS 器件具备常规系统器件不具备的优势,比如重量轻、响应快、占用空间小、结构稳定性及可靠性高、功耗低等。

2）加工批量化

MEMS 技术是在集成电路技术的基础上发展起来的微加工技术,可以在一个基底或衬底上同时进行大量器件或系统的加工成型,一次进行大批量 MEMS 产品的加工。MEMS 加工的高自动化和智能化,进一步提高了 MEMS 产品的批量化生产水平,从而降低生产成本。

3）器件集成化

MEMS 技术可以将微传感器、微执行器及各种处理电路等不同器件结构集成在一个芯片上,构成一个具有独立或多个功能的系统。高集成化是 MEMS 技术发展的一个重要方向。

4）应用交叉化

MEMS技术的发展应用过程中涉及机械、微电子、物理、化学、光学、生物、材料、计算机自动化等多个理工类学科。MEMS技术随着上述各类科学技术的发展而进一步发展，反过来，MEMS技术的进步也能够促进上述各学科的进步。

5.1.4　MEMS技术在热电器件加工中的应用

1）热电器件的发展历史

热电现象指的是热能和电能在温度梯度下能够相互转换的现象。热电效应包含赛贝克效应、珀尔贴效应和汤姆逊效应[74]。赛贝克效应指的是材料在存在温度梯度的条件下能够产生电势差的现象，是德国科学家赛贝克在1821年发现的。珀尔贴效应是赛贝克效应的逆效应，指的是在不同导体两端通入电流时，除了产生焦耳热之外，在电流接入的导体两端会产生吸热或放热反应，吸热或放热取决于通入电流的方向，珀尔贴效应是法国科学家珀尔贴在1834年发现的。汤姆逊效应指的是在存在温差的均匀导体中通入电流时，导体除了产生焦耳热之外，还能在导体输入电流的两端发生吸热或放热反应，吸热或放热取决于电流的通入方向，该效应是英国科学家汤姆逊在1856年发现的。自热电效应被发现以来，其应用便得到了广泛发展，各种各样的热电器件不断被开发出来。热电器件是一种能够利用热电材料的赛贝克效应将热能直接转化为电能的装置[75]，热电转换是一种很有前途的绿色能源利用方式。热电器件具有的无噪声、无污染、没有机械振动等[76-80]固有优势，使其被广泛应用于车辆[81-84]、可穿戴设备[85-91]、太阳能系统[82, 92-94]以及工业废热回收系统[94-96]中。热电器件也可将人体的热量或废热直接转化为电能，从而提高能源利用效率，降低能源成本[97]。图5-3展示了热电器件的部分应用。近几十年来，随着新的热电器件加工方法被研究出来，如丝网印刷[85, 91, 98, 99]、物理气相沉积[100-103]、火花等离子烧结[104-108]、热压[109, 110]、金属有机物化学气相沉积[111]等技术，热电材料和器件的研究及应用再次引起研究者的兴趣。

2）赛贝克效应

本书中涉及的热电效应应用主要是对赛贝克效应的应用，即将热能转化为电能的应用研究。如图5-4所示，当材料两端存在温差时，材料中的载流子会在温差的驱动下从高温端向低温端移动，从而在闭合回路中产生电压。其中，P型半导体材料的载流子主要为空穴，N型半导体材料的载流子主要为电子。材料产生的赛贝克电压与材料两端的温差呈正比，该比例系数称为赛贝克系数，P型半导体的赛贝克系数为正，N型半导体的赛贝克系数为负。赛贝克系数为当材料两端的温差为1 K时材料两端产生的赛贝克电压，赛贝克效应可用等式（5-1）表示，

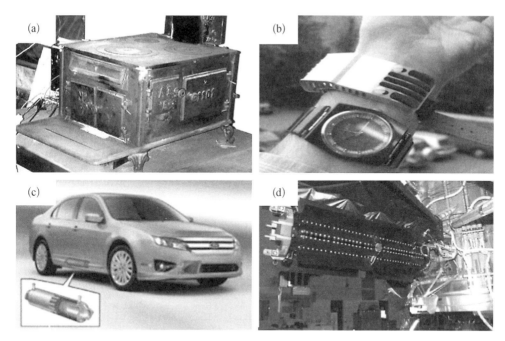

图 5 - 3 热电器件的部分应用

(a) 燃木炉供热发电[112];(b) 人体热量发电手表[113];
(c) 福特汽车排气管余热发电[114];(d) 旅行者号辐射热源发电[115]

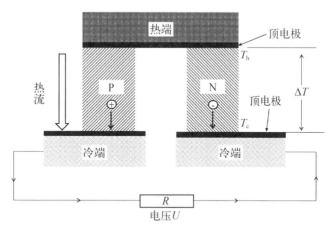

图 5 - 4 赛贝克效应原理图

其中 S 为赛贝克系数,U 为赛贝克电压,ΔT 为温差,T_h 为高温端温度,T_c 为低温端温度:

$$U = S \cdot \Delta T = (S_P - S_N) \cdot (T_h - T_c) \qquad (5-1)$$

图 5 - 4 中的结构称为 P - N 热电对。在实际应用中,为了获得较高的电压,往

往往将多个热电对进行串联。

3）热电材料

热电材料在热电器件中起着至关重要的作用[116]，热电器件的发展应用伴随着对热电材料的开发研究。热电材料的性能可以用热电优值（ZT 值）来表征，热电优值与热电材料的物理性质相关，可表示为[117]：

$$ZT = \frac{\sigma \cdot S^2}{\kappa} \cdot T \qquad (5-2)$$

式中，σ 为热电材料的电导率，S 为热电材料的赛贝克系数，κ 为热电材料的热导率，T 为绝对温度。由热电优值的表达式（5-2）可以看出，高性能的热电材料需要高的电导率、高的赛贝克系数和低的热导率。其中 $\sigma \cdot S^2$ 表示热电材料的电学性能，也被称为功率因子[116]，而 κ 则表示热电材料的热学性能。一种热电材料的赛贝克系数、热导率、电导率及 ZT 值是与该材料的能带结构、载流子浓度等参数相关的[118]。热电材料的 ZT 值、功率因子、热导率、电导率及载流子之间的关系如图 5-5 所示[119]。

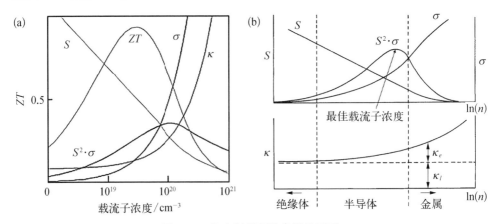

图 5-5　热电材料相关参数关系图

（a）热电材料相关参数之间的关系；（b）赛贝克系数、热导率和
电导率在最佳载流子浓度（1×10^{19} cm^{-3}）时的关系[120]

在赛贝克效应被发现之后的很长一段时间里，其应用材料主要为金属及其合金材料。由于金属具有很低的赛贝克系数或 ZT 值，因此，早期的热电材料主要用于热电偶[120]。直到 20 世纪 30 年代，随着半导体热电材料的发现及半导体热电材料理论的发展[121]，热电材料的性能得到了极大的提升[122]。然而，20 世纪 60 年代至 90 年代间，热电材料的发展比较缓慢，没有取得明显的进步[123]。直到 20 世纪 90 年代中期，有理论预测通过纳米结构工程可以大大提高热电材料的热电效率，从此，学界再次掀起研究热电材料的热潮[124]。

由于现代先进加工技术和表征方法的发展进步,含有纳米结构成分的传统块状热电材料已经被开发出来,可通过纳米化处理使块体热电材料获得高 ZT 值。目前,对于热电材料的研究主要集中在两个方面:一个方面是含有纳米结构的块体热电材料,另一个方面则是纳米热电材料。有研究人员采用高压合成技术成功地合成了在常压下无法获得的锂填充 $Li_{0.36}Co_4Sb_{12}$,该材料在 700 K 的温度下得到 1.3 的 ZT 值[125]。T. C. HARMAN 等人[126]利用分子束外延法制备了 Bi 掺杂的 N 型 PbSeTe/PbTe 量子点超晶格薄膜,由于其超低的热导率[约 0.33 W/(m·K)],该材料得到的 ZT 值在 300 K 时为 1.6,在 550 K 时则可达 3。如图 5-6 所示为不同年份热电材料 ZT 值的发展变化。如图 5-7 所示为几种典型热电材料的 ZT 值。

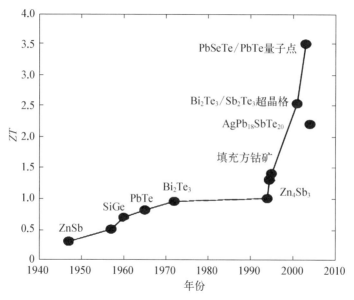

图 5-6　不同年份的热电材料 ZT 值的发展变化[127]

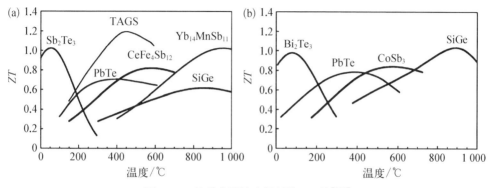

图 5-7　几种典型热电材料的 ZT 值[119]

通过提高热电材料的 ZT 值可以提高材料的热电转换效率,热电转换效率 η 与 ZT 值的关系如式(5-3)所示:

$$\eta = \frac{T_\text{h} - T_\text{c}}{T_\text{h}} \left(\frac{\sqrt{Z\bar{T}+1} - 1}{\sqrt{Z\bar{T}+1} + 1 + T_\text{c}/T_\text{h}} \right) \tag{5-3}$$

式中,T_h 为热端温度,T_c 为冷端温度,$\bar{T}$ 为平均温度,即 $\bar{T} = \dfrac{T_\text{h} + T_\text{c}}{2}$。

目前,最好的商用热电材料的 ZT 值只有 1 左右,其热电转换效率大概只有 5%～7%。根据图 5-8 的估算,其热电效率远远低于卡诺效率。当热电材料的 ZT 值低于 1 时,热电转换效率是相当低的,当 ZT 值达到 2 时可以用于废热的回收利用,只有 ZT 值达到 4 或 5 时,热电材料才具备应用于冰箱制冷的能力[116]。

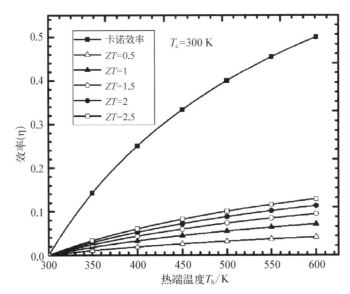

图 5-8　不同 ZT 值的热电转换效率与卡诺效率

4) MEMS 技术在热电器件中的应用

近年来,随着微加工技术的发展,MEMS 技术如掩模光刻、PVD、CVD、反应离子刻蚀等,受到越来越多的关注。目前,这些微制造技术已成功地应用于各种传感器、执行器、集成电路(IC)及其他电子器件的制造中[77,100,128-131]。在过去的几年里,利用微电子技术的优势,越来越多的组件、设备和仪器实现小型化。同时,对热电材料的研究已由块状热电材料向纳米线、超晶格、多层薄膜等低维热电材料发展[132-138]。小型化可以提高热电模块的集成密度,从而增加电力输出。热电器件的特征尺寸越小,功率密度越大[139]。因此,实现热电装置的小型化越来越受到人们的重视[140]。微型化的热电器件可以为一些 MEMS 器件设备提供微瓦或毫瓦量级的能量供应。

根据 MEMS 热电器件的结构特点,可以将 MEMS 热电器件分为平面结构 MEMS 热电器件和垂直结构 MEMS 热电器件。

5) 平面结构 MEMS 热电器件

平面结构 MEMS 热电器件的结构特点是热电柱中热流量的传输方向沿着平行于衬底的方向,从而使得器件内的电流传输方向也平行于衬底。

如图 5-9 所示为一种常见的平面结构 MEMS 器件。其中,图 5-9(a)是该微型器件的结构原理图,图 5-9(b)是该热电器件实物的扫描电镜图。器件采用 P型热电材料 SiGe 和 N 型热电材料 SiGe 进行串联。该器件主要采用干法刻蚀和低压化学气相沉积(low pressure chemical vapor deposition,LPCVD)方法进行加工制备,干法刻蚀和 LPCVD 是 MEMS 加工技术中两种重要的加工方法。P-N 热电对串联后与衬底平行,并在串联的热电对下方刻蚀出沟槽结构,沟槽结构的存在主要是为了使热流尽可能多地流过热电对,减少热损失。该微型器件含有 4 700 个热电对,经过封装后戴在手腕上,在正常的办公环境下实现 150 mV 左右的稳定电压输出。通过与外部负荷进行匹配,预计可输出功率约 0.3 nW[141]。如图 5-10所示多晶硅材料热电器件的结构与图 5-9 所示的平面结构 MEMS 热电器件的结构相似。该器件的加工主要采用深反应离子刻蚀(DRIE)、LPCVD、PECVD 及湿法刻蚀技术,并在加工真空腔时采用真空键合封装技术,这些都是 MEMS 技术中的重要工艺技术。虽然从原理图上看热量是沿着垂直衬底方向传输,但实际上在器件内部,热量沿着热电柱传输,传输方向与衬底平行,因此该结构也是平面结构的热电器件。该器件结构与前者相比,除了在底端加工有空腔结构外,也在顶端加工出空腔结构,并通过真空封装使空腔保持真空状态,这样的结构能够最大限度地降低热损失,从而更大程度地提高器件的热利用率。该器件在 1 cm² 内集成了 125 144个热电对,输出功率达到 1 μW[142]。

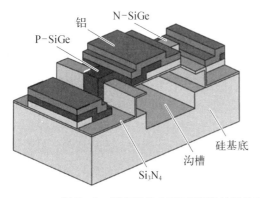
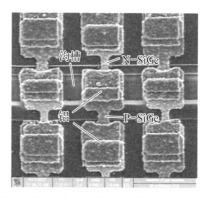

图 5-9 平面结构 MEMS 器件的结构示意图(左)和扫描电镜图(右)[141]

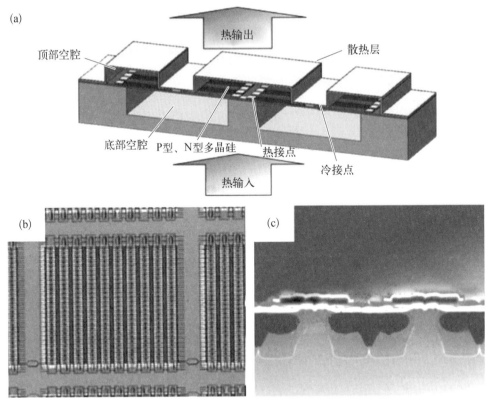

图 5 - 10   多晶硅材料热电器件[142]

（a）结构示意图；（b）器件顶视图；（c）器件截面结构图

除了前面详述的两种平面结构 MEMS 热电器件之外，还有其他基于 MEMS 技术的平面结构器件，如图 5 - 11 所示。图 5 - 11(a)所示为独立桥式平面结构，其采用的主要加工方法有直流磁控溅射镀膜、电化学沉积、APCVD、LPCVD 等镀膜方法以及湿法刻蚀方法和光刻等图形转移方法。图 5 - 11(b)所示为叠状环形平面微型热电器件，热电薄膜的加工主要采用丝网印刷的形式进行。图 5 - 11(c)所示为平面自动打印热电器件，热电材料加工采用自动印刷技术，而电极加工采用蒸发镀膜方法。图 5 - 11(d)所示为中空微型热电器件，其加工方法涉及光刻胶掩膜、光刻图形转移、RIE 等。

6）垂直结构 MEMS 热电器件

垂直结构热电器件的结构特点是热电柱与衬底垂直，即热流和电流流过热电材料的方向与衬底相互垂直。传统的热电器件结构是以垂直结构为主。与平面结构相比，垂直结构的器件加工相对简单。因此，微型热电器件大部分也是采用垂直结构。如图 5 - 12 所示，展示了垂直结构热电器件的典型 Ⅱ 型结构。P 型和 N 型

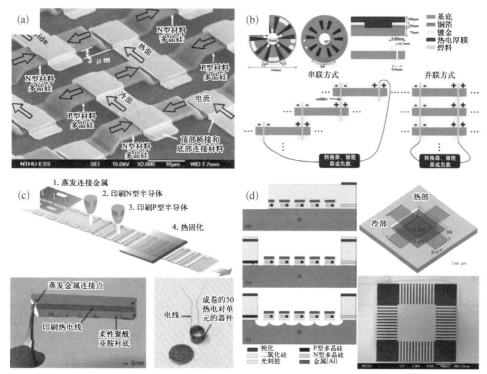

图 5‑11　其他平面微型热电器件(扫描二维码可查阅彩图)

(a) 独立桥式结构[143];(b) 叠状环形平面微型热电器件[144];
(c) 平面自动打印热电器件[99];(d) 中空微型热电器件[128]

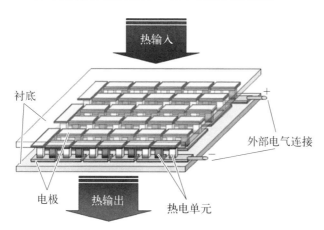

图 5‑12　垂直结构热电器件的典型Ⅱ型结构示意图

的热电单元通过电极按照一定的顺序串联,夹在两个导热良好的衬底之间。当热量通过下衬底流过热电柱,从顶衬底流出,热电单元形成热并联,热点单元形成电串联,产生电能。

图 5-13 展示了利用标准 MEMS 加工工艺进行垂直结构微型热电器件加工的基本过程。图 5-13(a)所示步骤为底电极的加工,在加工底电极时,为了增加底电极与衬底的黏结力,首先使用磁控溅射方法沉积一层 Cr 黏结层,而金电极的沉积则采用了电化学沉积镀膜的方法。在底电极图形化的过程中,使用光刻方法将图形转移到光刻胶上,以光刻胶作为掩膜进行薄膜沉积。后续几个步骤中,反复使用与上述步骤类似的图形化 MEMS 技术,加工出热电柱和顶电极。在最后,采用湿法刻蚀方法去除为电化学沉积工艺而加工的一部分金属膜,避免引起器件短路,而留下的那部分金属膜作为器件的电极部分。Luciana 等[145]也用类似的步骤加工制备了微型热电制冷器件。与前者不同的是其电极加工采用的是电子束蒸发的方法,而热电材料的沉积则采用热蒸发的方法。在利用光刻方法进行图形转移的微型热电器件加工工艺中,既有如图 5-13 所示的按照从底电极、热电材料、顶电极的顺序依次加工完成的工艺[75,146-149],也有如图 5-14 所示的分模块加工,然后进行键合组装的工艺。

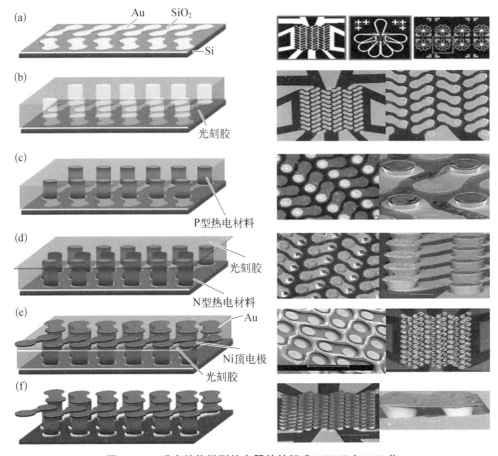

图 5-13　垂直结构微型热电器件的标准 MEMS 加工工艺

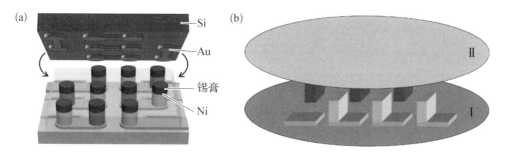

图 5-14 微型热电器件分块加工组装工艺示意图

(a) 顶电极模块与热电材料模块组装[150]; (b) P 型和 N 型热电材料分别与电极组装[151]

综上,MEMS 技术已经在微型热电器件的加工中得到广泛应用,MEMS 技术的应用极大地促进了微型热电器件结构的优化和性能的提高。

5.2 Sb₂Te₃及 Bi₂Te₃热电材料薄膜的磁控溅射工艺研究

5.2.1 热电材料薄膜

Sb_2Te_3 和 Bi_2Te_3 基热电材料一直被认为是目前低温热电材料中性能最好、最广泛应用于商业产品中的热电材料之一。Sb_2Te_3 和 Bi_2Te_3 纳米尺度低维材料的加工方式有电沉积、磁控溅射、热蒸发、分子束外延、脉冲激光沉积、溶剂热合成法、水基化学还原法、Bridgman 法等。与其他方法相比,磁控溅射技术可用于大规模的制作加工,设备及加工过程相对简单,成膜质量高,工艺条件相对简单,而且与其他 MEMS 加工工艺兼容性好[152]。因此,磁控溅射技术成为纳米材料加工工业发展技术中最具有吸引力的技术,也是最有可能大规模商用的溅射加工系统。本节基于磁控溅射工艺,结合本章中应用的其他 MEMS 工艺,对磁控溅射镀膜工艺及镀膜后的处理工艺进行研究,拟探究出一套材料性能稳定,加工兼容性高的薄膜加工工艺参数。

5.2.2 磁控溅射的工作原理

磁控溅射的工作原理如图 5-15 所示。向磁控溅射系统工作腔中充入 Ar 气体,Ar 原子在强电场中电离为 Ar^+ 和 e^-。在电场中经过加速的 e^- 与其他 Ar 原子碰撞,Ar 原子在高能电子的撞击下电离出更多的 Ar^+ 和 e^-,直到该电子的能量不足以使 Ar 原子电离。Ar^+ 则在电场的作用下向靶材方向加速运动,轰击靶材表面,使靶材表面溅射出目标原子或分子,这些原子或分子在样品台上的基片上沉积成膜。

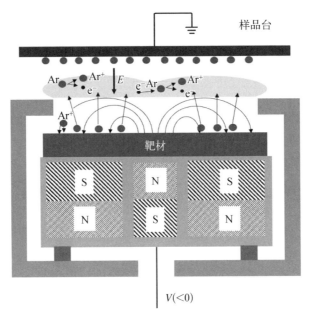

图 5 - 15　磁控溅射工作原理示意图

本节主要讨论磁控溅射中的直流磁控溅射和射频磁控溅射两种方式。这两种溅射方式的主要不同点在于其电源的工作方式不同。对于直流溅射，溅射电源在靶的阳极罩和阴极靶材之间施加一个恒定的强电场，该电场能够使 Ar 原子电离出 Ar^+ 和 e^-。如果靶材的导电性优良，在溅射过程中，电子不容易在靶材表面聚集，因此电场保持基本稳定。但是，如果靶材的导电性差，在溅射过程中就会有电子聚集在靶材表面，形成反向的电场，从而削弱直流电源施加的原恒电场，造成溅射效率降低，甚至使得电场不能满足 Ar 原子电离的条件，最终停止溅射。因此，直流溅射不适用于绝缘材料和导电性差的材料的溅射，比如氧化物、陶瓷等。而对于射频溅射来说，采用的射频电源在两个电极之间施加的是一个射频交流电压。Ar 原子在经过电离后，Ar^+ 和 e^- 随着射频交变电场在两个电极之间来回振荡，不断与更多的 Ar 原子碰撞产生电离。然而，由于 e^- 的质量小于 Ar^+ 的质量，因此 e^- 的运动速率远远大于 Ar^+ 的速度，使得在靶上始终聚集一定数量的负电荷，形成阴极。阴极吸引 Ar^+ 轰击靶表面，使靶材表面溅射出目标原子或分子。因此，射频溅射与直流溅射相比，不仅有更高的溅射效率，而且几乎可用于所有固体材料的溅射镀膜。

对于磁控溅射原理的理解，有助于更科学合理地使用磁控溅射设备，提高工作效率。

5.2.3　磁控溅射系统

磁控溅射系统主要由真空系统、控制系统、溅射系统及挡板系统等部分组成。

真空系统主要是由机械泵、分子泵、水箱及相关真空挡板阀等构成,为磁控溅射提供一定的本底真空环境。机械泵可将溅射系统内部的气压抽到 15 Pa 以下,然后开启分子泵,分子泵可以将溅射系统的本底气压抽到 5×10^{-3} Pa 以下。水箱里的循环水不仅可以为分子泵提供冷却水,同时还为溅射系统的溅射靶提供冷却水,使分子泵和溅射靶能在正常的温度范围内工作,维持其安全稳定性。控制系统主要是通过软件操作界面对整个系统进行手动控制或通过编辑工艺程序进行自动控制,控制系统的电脑操作界面如图 5-16 所示。溅射系统主要包括两个直流靶和一个射频靶,以及为溅射靶供电的两个直流电源和一个射频电源。挡板系统主要由靶挡板和样品挡板构成,可通过开关样品挡板对薄膜沉积时间进行精确控制,挡板系统也由控制系统进行手动或自动控制。

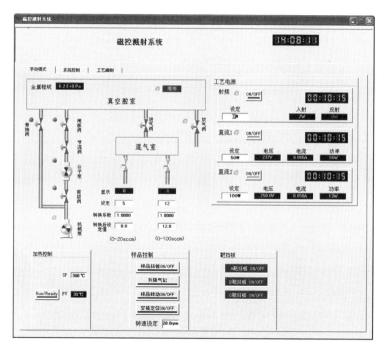

图 5-16 磁控溅射系统的电脑操作界面

5.2.4 热电材料薄膜的制备

Sb_2Te_3 和 Bi_2Te_3 热电薄膜的溅射沉积采用共溅射方式,共溅射工作原理图如图 5-17 所示。靶材采用的直径为 76.2 mm 的溅射靶[由中诺新材(北京)科技有限公司提供],单个靶材厚度为 5 mm,其中溅射材料厚度为 3 mm,为了防止靶材在溅射过程中受热破裂,在每个靶背面绑定 2 mm 厚的铜背靶。单质 Sb 靶、Bi 靶和 Te 靶的纯度为 99.99%,采用热压方法制备。这三种材料中,Te 靶的导电性最

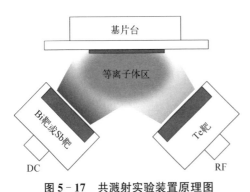

图 5-17　共溅射实验装置原理图

差,采用射频(RF)方式溅射,其他两种靶材采用直流(DC)方式溅射,即 Sb_2Te_3 热电薄膜采用"Te(RF)＋Sb(DC)共溅射"的方式进行薄膜沉积,Bi_2Te_3 热电薄膜采用"Te(RF)＋Bi(DC)共溅射"的方式进行薄膜沉积。分别设置 Te(RF)、Sb(DC)、Bi(DC)的溅射功率,Sb_2Te_3 薄膜和 Bi_2Te_3 薄膜分别在不同的溅射气压下共溅射以沉积薄膜。溅射采用的高纯氩气,溅射

工作气压通过调节氩气流量进行控制。

1) 基片清洗

实验采用的基片为覆盖有 $1\ \mu m$ 厚 SiO_2 氧化层的单面抛光单晶硅片,硅片总厚度为 $550\ \mu m$,硅片直径为 $100\ mm$,每个完整的基片切割成四片以供使用。为了消除基片表面的杂质、污渍等对热电薄膜的不利影响,需对基片进行清洗。首先将硅片放入丙酮中进行超声清洗,用镊子迅速夹出并用去离子水冲洗;然后放入乙醇中进行超声清洗,用镊子迅速夹出并用去离子水冲洗;再放入异丙醇中进行超声清洗,用镊子迅速夹出并用去离子水冲洗;接着放入体积比为 $3:1$ 的浓硫酸和过氧化氢混合溶液中浸泡,用镊子取出后并用去离子水冲洗,最后用干燥的压缩 N_2 气体吹干。在将基片放入磁控溅射镀膜仪镀膜之前,使用 Ar 离子源对镀膜基片进行反溅清洗,使基片表面达到原子级别的清洁,从而提高沉积薄膜与基片之间的结合质量。为了保证基片免受二次污染,在操作过程中应一直使用洁净的镊子夹持样品。

2) 热电材料薄膜的制备

热电材料薄膜的制备过程简述如下:

(1) 打开磁控溅射镀膜仪真空腔,取出样品托盘,用高温胶带将清洗好的基片贴到样品托盘上,放回真空腔,关闭真空腔门,打开样品台转动开关,设置样品台温度。

(2) 依次打开机械泵、分子泵,将溅射系统本底真空度抽到 $5.0\times10^{-3}\ Pa$ 以下。

(3) 打开氩气流量控制阀,调节流量,直至到达所需工作压强。

(4) 设定 Te(RF)靶和 Sb(DC)/Bi(DC)靶的溅射功率,打开靶挡板,打开溅射电源,等待两个靶起辉光。

(5) 为消除靶表面杂质,等起辉之后,打开样品挡板,开始计时溅射。

(6) 溅射完成后,依次关闭样品挡板、靶挡板、溅射电源、样品台转动开关、真空系统,充气,取出样品。

（7）停止实验,抽真空后关机。

3）退火处理

对制备好的 Sb_2Te_3 和 Bi_2Te_3 薄膜应进行退火处理。退火处理不仅能够改善热电薄膜的结晶状态,使薄膜组织结构稳定,而且还能调节薄膜的热电性能。将 Sb_2Te_3 和 Bi_2Te_3 薄膜样品放入退火炉中进行退火处理。退火炉利用底部的电阻丝进行加热,样品放置在电阻丝上一个不锈钢圆盘上,不锈钢圆盘通过耐热陶瓷垫与加热电阻丝进行绝缘。首先对炉腔进行抽真空,待真空度抽至 0.5 Pa 以下,通入高纯氮气至大气压。然后重新抽真空,再充入高纯氮气。重复三次,保证腔体内的氮气纯度。最后分别对两样品进行氮气保护退火,之后将样品自然冷却至室温。

5.2.5 热电薄膜的成分结构及性能表征

利用 KLA‐Tencor P7 表面轮廓仪对薄膜的厚度进行测量,利用能量色散 X 射线光谱(EDS)微分析系统(英国,Oxford 公司)测定薄膜的原子组成比,使用 X 射线衍射(XRD)技术(德国 Bruker 公司,型号: D8 ADVANCE Da Vinci)研究薄膜的晶体结构,采用 Zeiss Ultra Plus 场发射扫描电子显微镜(德国,Zeiss 公司)对薄膜的表面和截面形貌进行观测。在薄膜的性能测试实验中,使用自制并经过标准康铜样品校准的赛贝克测试系统对薄膜的赛贝克系数进行测量,利用 MMR 霍尔效应仪(美国,MMR 公司)对热电薄膜进行霍尔测量,利用范德堡法对薄膜的热导率进行测量。

1）表面轮廓仪

表面轮廓仪主要用于测量热电薄膜的膜厚,其工作原理是当表面轮廓仪的探针在被测样品的表面滑动时,样品表面高度的变化会使探针在滑动过程中跟随表面轮廓变化而高低运动。当探针振动时,与探针相连的传感器将探针振动产生的信号传递给测量电路。由测量电路输出的信号大小与探针振动时偏离平衡位置的距离成正比。信号再经过调制放大和整流之后就能从控制器中被读取出来。镀膜前在衬底上贴上一条 PI 胶带,镀膜完成之后撕掉 PI 胶带,热电薄膜与衬底形成台阶,用来测定膜厚。

2）扫描电镜

使用扫描电镜(SEM)观测热电薄膜的表面和截面形貌。在扫描电镜内部,电子束被加速成为高能电子,高能电子与待测样品表面相互作用产生二次电子、俄歇电子、特征 X 射线等信号,不同的接收器可以接收不同的信号,经过调制放大之后在显像管荧光屏上形成图像。不同的信号携带有待测样品的不同特征信息,可用于不同的用途。对于薄膜形貌的观测主要采集的是二次电子信号,特征 X 射线可以用来对薄膜的元素种类及原子个数比进行测定。扫描电镜配有 X 射线能谱仪,进行能谱分析,测定薄膜元素种类及原子个数比。

3) X 射线衍射

X 射线衍射分析是晶体结构研究中最常用的手段之一。可采用 X 射线衍射对热电薄膜进行晶体结构分析和物相分析。通过对热电薄膜的 X 射线衍射图谱进行分析,从而对热电薄膜中的晶粒尺寸、结晶度、晶格常数等进行分析。X 射线入射晶体时,遵循布拉格衍射定律,满足布拉格方程:

$$2d\sin\theta = n\lambda \qquad (5-4)$$

其中,λ 为入射 X 射线的波长,θ 为 X 射线入射角,d 为晶体的晶面间距,n 为正整数。

利用式(5-4),根据 X 射线衍射图谱,就可以得到被测样品的晶面间距和晶格常数等晶体结构参数。

根据德拜-谢乐公式:

$$D = \frac{K\lambda}{B \cdot \cos\theta} \qquad (5-5)$$

其中,D 为晶粒尺寸,K 为谢乐常数,B 为样品测试得到的衍射峰的半高宽,λ 为测试采用的 X 射线的波长,θ 为衍射角度。可以得到测试样品的晶粒尺寸。

X 射线衍射测试条件:管电流 40 mA、管电压 40 kV、扫描速率 6°/min、扫描步长为 0.02°、扫描范围为 10°～90°、Cu 靶、X 射线的波长为 0.154 056 nm。

4) 赛贝克系数测试

赛贝克系数是热电材料的一个重要参数,通常使用自制并经过标准康铜样品校准的赛贝克测试装置。自制的赛贝克测试装置如图 5-18 所示,图 5-18(a)为测试装置的原理示意图,图 5-18(b)为测试装置的实物图。

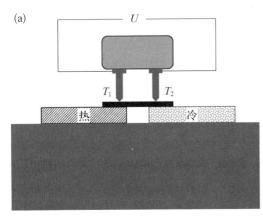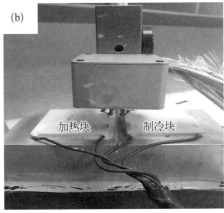

图 5-18　赛贝克测试装置

(a) 测试装置示意图;(b) 测试装置实物图

理论上,在样品一端施加一个较高的温度 T_1,在另外一端施加一个较低的温度 T_2,则 $\Delta T = T_1 - T_2$。根据赛贝克系数的定义:

$$S(T) = \lim_{\Delta T \to 0} \frac{U}{\Delta T} \tag{5-6}$$

令 $T_0 = \dfrac{T_1 + T_2}{2}$,则 $T_1 = T_0 + \dfrac{\Delta T}{2}$, $T_2 = T_0 - \dfrac{\Delta T}{2}$。则样品两端得到的热电电动势为

$$U(T_2,\ T_1) = \int_{T_2}^{T_1} S(T) \mathrm{d}T \tag{5-7}$$

对于 $S(T)$ 在 T_0 的泰勒展开式为

$$S(T) = S(T_0) + S_1(T_0)(T - T_0) + S_2(T_0)(T - T_0)^2 + \cdots \tag{5-8}$$

将式(5-8)代入式(5-6)中,且 ΔT 足够小时可得

$$S(T_0) = \frac{U(T_1,\ T_2)}{\Delta T} = \frac{U(T_1,\ T_2)}{T_1 - T_2} \tag{5-9}$$

$S(T_0)$ 即为样品在两端温度分别为 T_1 和 T_2 条件下的赛贝克系数。

根据式(5-9)的结果,我们自制了赛贝克系数测试装置。其中,高低温端分别由一个加热块和制冷块提供,装置中的两个探针既可以测量样品两端的温度 T_1 和 T_2,又可以测量两个温度点之间的温差电动势 $U(T_1,\ T_2)$。利用公式(5-6)即可得到样品的赛贝克系数。

上述原理可用来测试热电薄膜在室温条件下的赛贝克系数。

5)电导率测量

薄膜电导率测量常用的方法是四探针法和范德堡法。四探针法对样品尺寸有一定的要求,需要样品的大小远大于探针的间距。而范德堡法对于样品的形状没有特殊要求,可以对不规则形状的样品进行测量。使用范德堡法进行电导率测量时,只需要在样品的四个顶点形成欧姆接触点,从两个接触点通入一定大小的电流,测量另外两个点之间的电压。同时结合薄膜样品的厚度,利用电压、电流这些参数就可以得到该薄膜的电导率。范德堡法测量电导率示意图如图 5-19 所示。通入的电流不应过大,以免因电流的热效应引起薄膜电导率的改变。另外,待测样品薄膜表面应无孔洞等缺

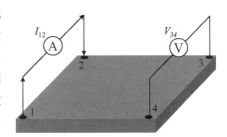

图 5-19 范德堡法测量电导率原理示意图

陷。应用范德堡法测量薄膜的方块电阻公式如下：

$$e^{-\frac{\pi R_A}{R_s}} + e^{-\frac{\pi R_B}{R_s}} = 1 \qquad (5-10)$$

式中，R_s 为薄膜的方块电阻。其中：$R_A = \frac{1}{4}(R_{12} + R_{21} + R_{34} + R_{43})$，$R_B = \frac{1}{4}(R_{23} + R_{32} + R_{14} + R_{41})$，而 $R_{12} = \frac{V_{34}}{I_{12}}$，$R_{23} = \frac{V_{41}}{I_{23}}$，$R_{34} = \frac{V_{12}}{I_{34}}$，$R_{41} = \frac{V_{23}}{I_{41}}$。同理可以得到 R_{23}，R_{32}，R_{14}，R_{41}。再测出薄膜的厚度 d，即可得到薄膜的电导率：

$$\sigma = \frac{1}{R_s d} \qquad (5-11)$$

6）霍尔测量

利用半导体的霍尔效应可测定 Sb_2Te_3 和 Bi_2Te_3 薄膜的载流子浓度、载流子迁移率等电学参数，判断其半导体类型。

将一块金属或半导体材料置于一定强度的磁场中，在垂直于磁场的方向上通过一定大小的电流，则在垂直于磁场和电流的平面方向上的金属或半导体的两侧会产生一个电势差，这种现象被称为霍尔效应。材料的霍尔效应的强弱可以用霍尔系数 R_H 来表示，这一参数仅与材料的属性相关。电势差的方向与半导体材料中载流子的类型有关。霍尔效应的原理示意图如图 5-20 所示，若图中所示为长、宽、高分别为 l、t、b 的 N 型半导体材料，按图中所示方向通入大小为 I 的电流，电荷的移动速率为 v，电荷量为 e，自由电子浓度为 n。同时在垂直于电流和半导体表面的方向上施加一个强度为 B 的恒定磁场。则：

$$I = -envbt \qquad (5-12)$$

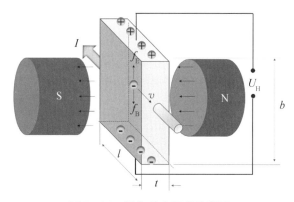

图 5-20　霍尔效应原理示意图

自由电子受到的洛伦兹力 f_B 为

$$f_B = evB \qquad (5-13)$$

自由电子在洛伦兹力的作用下在半导体的一侧聚集,而在另一侧则聚集等量的正电荷。此时在半导体两侧形成一个电势差 U_H,该电势差称为霍尔电压。霍尔电压又给自由电子施加一个与洛伦兹力相反方向的电场力 f_E,则:

$$f_E = e \cdot \frac{U_H}{b} \qquad (5-14)$$

当整个系统达到稳定状态时,即自由电子不再发生偏转,洛伦兹力与电场力达到平衡。此时,

$$evB = e \cdot \frac{U_H}{b} \qquad (5-15)$$

将式(5-12)与式(5-15)联立可得

$$U_H = \frac{IB}{etn} \qquad (5-16)$$

根据霍尔系数的定义,得

$$R_H = \frac{1}{ne} \qquad (5-17)$$

式中,n 为载流子浓度,e 为载流子的带电量。

因此,公式(5-16)可以写作:

$$U_H = R_H \cdot \frac{IB}{t} \qquad (5-18)$$

由式(5-17)可知,若半导体材料为 P 型,则载流子为空穴,R_H 为正。若半导体材料为 N 型,则载流子为电子,R_H 为负。利用电导率、载流子浓度和载流子迁移率之间的关系:

$$\sigma = ne\mu \qquad (5-19)$$

式中,σ 为电导率,n 为载流子浓度,e 为载流子的带电量。得到载流子迁移率:

$$\mu = \frac{\sigma}{ne} \qquad (5-20)$$

因此,利用霍尔效应,通过霍尔测量可以得到半导体材料的导电类型、载流子浓度和载流子迁移率等电学性能参数。

5.2.6 测试结果与讨论

1) 薄膜的形貌结构

图 5‐21 为利用 SEM 观察到的不同溅射工作气压下 Sb_2Te_3 薄膜的表面形貌变化。从图中可以看出,当溅射工作气压为 0.2 Pa 时,Sb_2Te_3 薄膜表面光洁致密,仅在个别位置出现团聚颗粒。当溅射气压增加到 0.5 Pa 时,薄膜表面开始出现大小不均的颗粒。当溅射工作气压增加到 0.8 Pa 时,薄膜表面呈现均匀分布的颗粒状,在颗粒之间还分布着一些孔洞。当溅射工作气压达到 1.1 Pa 时,薄膜表面的颗粒尺寸变大,而且均匀性变差。也就是说,当溅射工作气压较低时,即 0.2 Pa,溅射出的靶原子与工作气体之间的碰撞概率低,能量损失最少,靶原子在达到衬底表面时的速率大、能量高,形成的薄膜最致密,无明显颗粒团聚,如图 5‐21(a)所示。当气压升高,溅射出的靶原子与工作气体之间的碰撞概率增加,原子到达衬底时的速率降低,Sb 原子和 Te 原子在衬底上有一定的时间进行移动扩散和团聚,此时衬底的薄膜表面开始出现团聚颗粒,如图 5‐21(b)所示。工作气压继续增大,不仅使得 Sb 原子和 Te 原子到达衬底时的速率继续降低,而且工作气体原子可能吸附在

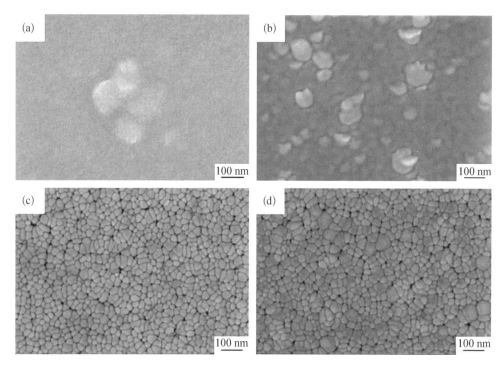

图 5‐21 不同溅射工作气压下 Sb_2Te_3 薄膜的表面形貌

(a) 工作气压为 0.2 Pa;(b) 工作气压为 0.5 Pa;(c) 工作气压为 0.8 Pa;(d) 工作气压为 1.1 Pa

衬底表面,使薄膜内夹杂气孔,如图 5－21(c)所示。如果 Sb 原子和 Te 原子有足够的迁移时间,形成的团聚颗粒会继续增大,如图 5－21(d)所示。

如图 5－22 所示为不同溅射工作气压下 Bi_2Te_3 薄膜的表面形貌变化。从图中可以看出,当溅射工作气压为 0.2 Pa 时,Bi_2Te_3 薄膜表面有层片状轮廓,但是轮廓不太清晰,如图 5－22(a)所示。当溅射工作气压增加到 0.5 Pa 时,薄膜表面呈现清晰的片状结构,并且在层片结构间含有多面体结构,如图 5－22(b)所示。随着工作气压的继续增大,层状结构消失,完全转变为多面体结构,如图 5－22(c)所示。工作气压继续增大,则薄膜表面的多面体结构的尺寸有所减小,如图 5－22(d)所示。Bi_2Te_3 薄膜表面结构变化的主要原因是工作气压增加,影响 Bi 原子和 Te 原子到达衬底的速率,从而影响 Bi 原子和 Te 原子在衬底表面的迁移团聚和生长。

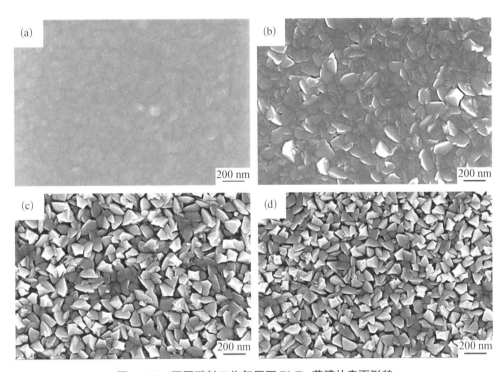

图 5－22　不同溅射工作气压下 Bi_2Te_3 薄膜的表面形貌

(a) 工作气压为 0.2 Pa;(b) 工作气压为 0.5 Pa;(c) 工作气压为 0.8 Pa;(d) 工作气压为 1.1 Pa

不同工作气压下 Sb_2Te_3 薄膜和 Bi_2Te_3 薄膜的 XRD 图谱如图 5－23 所示。根据 XRD 衍射图谱分析结果,Sb_2Te_3 薄膜和 Bi_2Te_3 薄膜在不同溅射工作气压下得到的薄膜内部均含有大量的非晶相及其他的非平衡相,薄膜的内部结构处于非平衡状态,薄膜中没有结晶良好的 Sb_2Te_3 相和 Bi_2Te_3 相。对 Sb_2Te_3 薄膜和 Bi_2Te_3 薄膜的 XRD 图谱进行结晶度的拟合计算,结果如图 5－24 所示。从图中可以看出,通过不同溅射工作气压得到的 Sb_2Te_3 薄膜和 Bi_2Te_3 薄膜内存在大量的非晶相,薄膜结构处于不稳定状态。同时,可以看出 Bi_2Te_3 薄膜的结晶度高于 Sb_2Te_3 薄膜的结晶度,这与利用 SEM 观察到的结果一致。

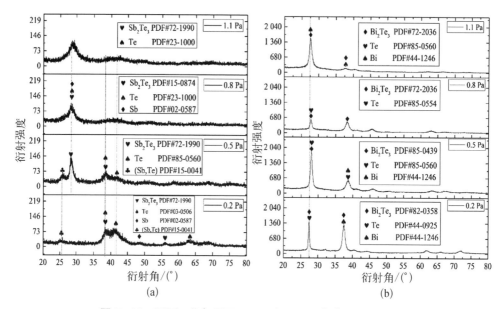

图 5 - 23 不同工作气压下 Sb_2Te_3 和 Bi_2Te_3 薄膜的 XRD 图谱

(a) Sb_2Te_3 薄膜;(b) Bi_2Te_3 薄膜

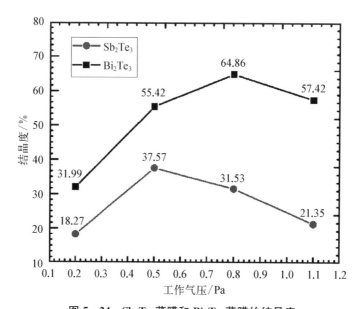

图 5 - 24 Sb_2Te_3 薄膜和 Bi_2Te_3 薄膜的结晶度

  因此,为了得到结构性能稳定的 Sb_2Te_3 薄膜和 Bi_2Te_3 薄膜,需要对薄膜进行再结晶退火,通过再结晶退火,改善热电薄膜的结晶状态,使薄膜结构的性能达到稳定状态。

  图 5 - 25 所示为在不同退火条件下,利用 SEM 观察到的 Sb_2Te_3 薄膜表面和截面的形貌图,每个分图右上角的小图为对应条件的薄膜截面形貌图。从图中可知,随着退火温度的升高,Sb_2Te_3 薄膜的表面形貌和截面形貌发生明显变化。退火之前,Sb_2Te_3 薄膜表面光洁,内部结构致密。当对 Sb_2Te_3 薄膜进行 200 ℃ 退火 2 小

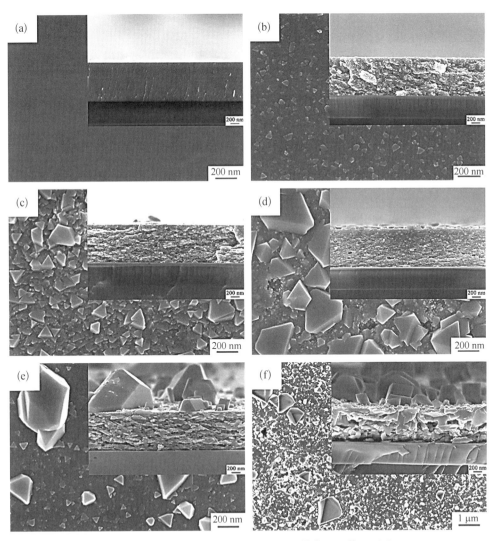

图 5 - 25 Sb_2Te_3 薄膜在不同退火温度下的表面和截面形貌图

(a) 未退火;(b) 200 ℃;(c) 250 ℃;(d) 300 ℃;(e) 350 ℃;(f) 400 ℃

时后,薄膜表面有颗粒析出,由截面形貌可以看出,薄膜内部发生结晶现象。随着退火温度的继续升高,Sb_2Te_3薄膜表面的析出物颗粒尺寸增大。薄膜内部由于 Te 元素的挥发而产生小孔洞,且孔洞的尺寸随着退火温度的升高而增多,甚至这些小孔洞连在一起形成大的孔洞,大的孔洞贯穿薄膜表面,在薄膜表面显露出来。因此,过高的退火温度会影响 Sb_2Te_3 薄膜中 Te 元素和 Sb 元素的化学计量比,而薄膜内 Te 元素和 Sb 元素的化学计量比的变化会影响 Sb_2Te_3 薄膜的性能,尤其是热电性能。且过高的退火温度使得 Sb_2Te_3 薄膜内形成大的、连续的甚至是贯穿薄膜表面的孔洞,这不仅会严重影响薄膜的热电性能,还会严重影响薄膜的机械稳定性,降低其机械强度,不利于其在器件加工中的应用。

图 5 - 26 所示为利用 SEM 观察到的 Bi_2Te_3 薄膜在不同退火条件下的表面和截面形貌图,每个分图右上角的小图为截面形貌图。从图中可以看出,退火温度对 Bi_2Te_3 薄膜表面的形貌影响不大。Bi_2Te_3 薄膜在未退火时就表现出良好的结晶性,晶粒沿着垂直于基片的方向生长,每个晶粒呈层片状生长。从不同退火温度的 Bi_2Te_3 薄膜的截面形貌图中可以看到,随着退火温度的升高,沿着垂直于衬底方向生长的晶粒呈粗大趋势,而且晶粒生长的方向一致性遭到破坏。退火温度越高,一致性变得越差。当退火温度较高时,Bi_2Te_3 薄膜的晶粒生长的方向一致性基本消失,晶粒之间呈现熔合状态,即发生熔融相变再结晶。

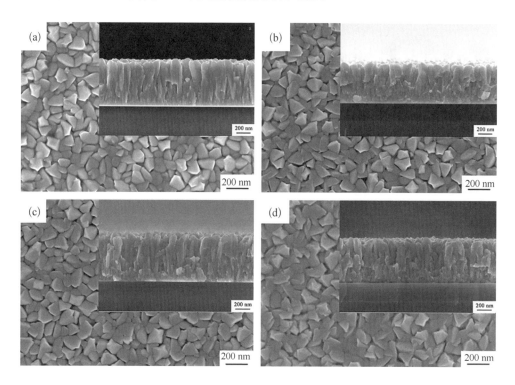

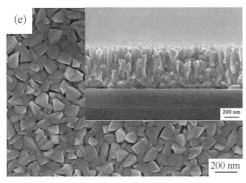
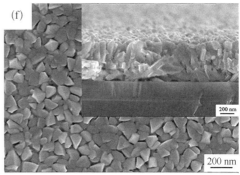

图 5 - 26   Bi₂Te₃薄膜在不同退火温度下的表面和截面形貌图

(a) 未退火；(b) 200 ℃；(c) 250 ℃；(d) 300 ℃；(e) 350 ℃；(f) 400 ℃

综上，Bi_2Te_3薄膜的退火温度升到一定温度时，Bi_2Te_3薄膜的结构呈现较高的稳定性。这可能与 Bi 元素的金属性更强有关。另外，Bi_2Te_3薄膜的沉积气压要高于 Sb_2Te_3薄膜的沉积气压。Sb_2Te_3薄膜的沉积气压为 1.1 Pa，在退火之前已经具有良好的结晶状态。而 Bi_2Te_3薄膜，由于 Bi 的熔点只略高于 270 ℃，当退火温度高于其熔点时，Bi 处于熔化状态。当薄膜内的 Te 大量挥发损失时，熔融状态的 Bi 会及时扩散填补因 Te 挥发损失造成的空隙。因此，Bi_2Te_3薄膜在退火温度不断升高时，并不会像 Sb_2Te_3薄膜那样因退火温度过高而形成孔洞。

图 5 - 27 所示为 Sb_2Te_3薄膜和 Bi_2Te_3薄膜在不同退火温度下的 XRD 图谱。由图 5 - 27(a)所示的 Sb_2Te_3薄膜的 XRD 图谱可知，根据 Sb_2Te_3(JCPDS 15 - 0874)数据，Sb_2Te_3具有 R3m 空间群的层状菱形结构。未退火状态下，其 XRD 衍射图没有明显的衍射峰，为非晶态。退火之后，Sb_2Te_3薄膜从非晶状态转变为结晶状态。当退火温度从 200 ℃升高到 300 ℃，主要的衍射峰为(0,0,6)、(0,0,9)、(1,0,10)，晶体主要沿这三个方向生长。当退火温度升高到 350 ℃之后，晶体生长的主要方向发生改变，这表明 Sb_2Te_3薄膜发生了再结晶和相变。同时，有新的 Te(1,0,1)相出现，这与图 5 - 25 观察的结果一致。退火温度在 200 ℃～300 ℃之间时，Sb_2Te_3薄膜结晶主要沿(0,0,6)方向，衍射峰的半峰全宽从 200 ℃时的 0.578°减少到 300 ℃的 0.360°。

根据德拜-谢乐公式可知，当退火温度从 200 ℃升高到 300 ℃，Sb_2Te_3薄膜的晶粒逐渐增大。晶粒增大，晶界减少，晶界对载流子的散射作用降低，薄膜的电导率增加。如图 5 - 27(a)所示，当退火温度增加到 350 ℃时，在(0,0,6)方向上的衍射峰的半峰全宽变大，即晶粒尺寸变小。但是由于相变再结晶的原因，晶粒的主要生长方向转变为(1,0,10)和(0,0,15)，而在这两个方向上的衍射峰的半峰全宽仍然在 350 ℃时降低，即晶粒尺寸变大，引起电导率增加。当退火温度增加到 400 ℃时，所有的衍射峰的宽度增加，晶粒尺寸减小。这可能是由于退火温度过高，Te

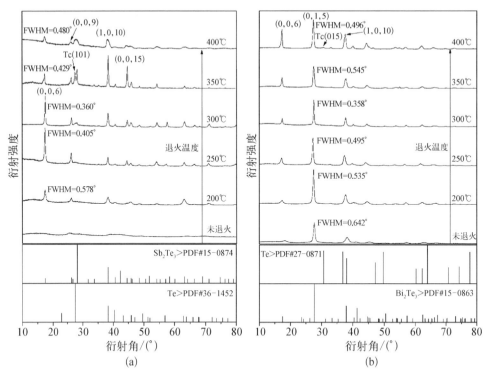

图 5-27　Sb₂Te₃ 薄膜和 Bi₂Te₃ 薄膜在不同退火温度下的 XRD 图谱

（a）Sb₂Te₃ 薄膜；（b）Bi₂Te₃ 薄膜

元素由于高蒸气压而挥发析出，从而形成晶粒形核中心，大量的形核中心形成更多晶粒，造成晶粒尺寸减小。晶粒尺寸减小，晶界增加，晶界对载流子的散射作用增强，引起薄膜电导率降低。

　　由图 5-27(b)所示的 Bi₂Te₃ 薄膜的 XRD 图谱可知，根据 Bi₂Te₃ 的 PDF 15-0863 数据，Bi₂Te₃ 具有 R3m 空间群的层状菱形结构。Bi₂Te₃ 薄膜的衍射图谱在未退火状态也有明显的衍射峰，说明 Bi₂Te₃ 具有良好的结晶性。Bi₂Te₃ 薄膜的衍射图谱主要的衍射峰为(0,0,6)、(0,1,5)、(1,0,10)，晶粒主要沿这三个方向生长，其中(0,1,5)方向的衍射峰强度最强。随着退火温度的升高，(0,0,6)、(1,0,10)衍射峰的强度逐渐增加，并且它们的半峰全宽逐渐降低，这说明在这两个方向上的晶粒尺寸在不断增加。而对于(0,1,5)方向，当退火温度从 200 ℃ 升高到 300 ℃，衍射峰的半峰全宽逐渐减小，退火温度为 350 ℃ 时衍射峰的半峰全宽增加，退火温度为 400 ℃ 时衍射峰的半峰全宽又减小。即当退火温度从 200 ℃ 升高到 300 ℃，(0,1,5)方向的晶粒尺寸逐渐增大，在退火温度为 350 ℃ 时，晶粒尺寸减小，而在退火温度为 400 ℃ 时，晶粒尺寸又增大。退火温度从 200 ℃ 升高到 300 ℃，晶粒尺寸增大，晶界减少，对载流子的散射降低，载流子迁移率增加，导电率增加。退火温度为 350 ℃

时，Te 因高温挥发析出，形成形核中心，Bi 处于融化状态，冷却时以析出的 Te 为晶核形成大量新的细小晶粒。当退火温度升高到 400 ℃时，再结晶形成的晶粒尺寸增大。由于(0,0,6)、(1,0,10)方向上的相的增加，相变造成薄膜内部晶粒的择优取向遭到破坏，晶粒排布的混乱状态增加，如图 5-26(f)所示，造成载流子的散射增强，载流子迁移率降低，从而造成薄膜电导率降低。

2）工作气压与溅射沉积速率的关系

在薄膜溅射沉积过程中，不同工作气压下 Sb_2Te_3 薄膜和 Bi_2Te_3 薄膜的溅射沉积速率变化如图 5-28 所示。从图中可以看出，随着工作气压的增加，薄膜的溅射沉积速率先增加后降低。研究溅射工作气压对 Sb_2Te_3 薄膜溅射沉积速率的影响可知：当溅射工作气压从 0.2 Pa 增加到 1.1 Pa 时，溅射沉积速率在 0.2 Pa 时为 5.2 Å[①]/s；工作气压增加到 0.5 Pa 时沉积速率增加到实验最大值 5.4 Å/s；然后再增大溅射工作气压，Sb_2Te_3 薄膜的溅射沉积速率迅速降低；当溅射工作气压增加到 1.1 Pa 时，沉积速率降低到实验最小值 3.0 Å/s。研究溅射工作气压对 Bi_2Te_3 薄膜溅射沉积速率的影响可知：当溅射工作气压从 0.2 Pa 增加到 1.1 Pa 时，溅射沉积速率在 0.2 Pa 时为 5.0 Å/s；工作气压增加到 0.5 Pa 时沉积速率增加到实验最大值 6.0 Å/s；然后再增大溅射工作气压，Bi_2Te_3 薄膜的溅射沉积速率迅速降低；当溅射工作气压增加到 1.1 Pa 时，沉积速率降低到实验最小值 4.6 Å/s。造成薄膜溅射

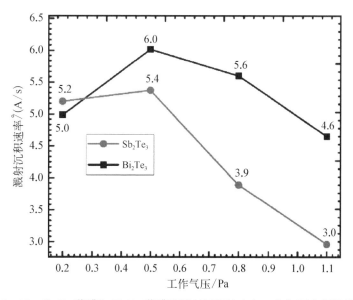

图 5-28　Sb_2Te_3 薄膜和 Bi_2Te_3 薄膜的溅射沉积速率与工作气压之间的关系

---

① Å，长度单位，1 Å＝10^{-10} m。

沉积速率随工作气压的增加而先增加后下降的主要原因是在薄膜沉积过程中,溅射出的靶原子与工作气体的 Ar 原子之间的相互作用随工作气体浓度(即溅射工作气压)的增加而变化。在溅射工作气压较低时(如 0.2~0.5 Pa),Ar 原子浓度低,轰击靶表面的 Ar^+ 数量少,轰击出的靶原子数量低,到达基片表面沉积成膜的原子数量少,在一定时间内形成的膜的厚度低,因此沉积速率很低。但是随着工作气压的增大,工作气体的 Ar 原子浓度增加,轰击靶表面的 Ar^+ 数量增加,轰击出的靶原子数量增加,到达基片表面沉积成膜的原子数量增多,在一定时间内形成的膜的厚度增加,因此溅射沉积速率增加。

然而,工作气体原子浓度的增加在促进轰击出的靶原子数量增多的同时,也造成了轰击出的靶原子与工作气体原子之间碰撞的概率增加,造成靶材原子运动的平均自由程减小,这在一定程度上减少了靶原子到达基片表面的数量。但是在工作气压较低的情况下,这种削弱作用小于工作气压增加对沉积原子数量的增加所起作用。当气压逐渐增加时,这种削弱作用增强,当增加工作气压对沉积速率的增强作用和削弱作用的影响持平时,即工作气压增加到 0.5 Pa 时,薄膜溅射沉积速率达到最大值。当工作气压继续增大,工作气体原子对沉积原子的碰撞作用继续增强,工作气体原子对薄膜溅射沉积速率的削弱作用超过增强作用,造成薄膜溅射沉积速率下降。工作气压越高,削弱作用越强,溅射溅射速率越低,即工作气压从 0.5 Pa 增加到 1.1 Pa 时,薄膜沉积速率降低。

3) 工作气压、退火温度与薄膜的原子个数比的关系

严格的化学计量比是热电材料的热电性能的关键影响因素。Sb_2Te_3 薄膜和 Bi_2Te_3 薄膜中的原子个数比与溅射工作气压及退火温度之间的关系如图 5-29 所示,其中图 5-29(a)所示为溅射工作气压对 Sb_2Te_3 薄膜和 Bi_2Te_3 薄膜的原子个数比的影响,图 5-29(b)所示为退火温度对 Sb_2Te_3 薄膜和 Bi_2Te_3 薄膜的原子个数比的影响。从图 5-29(a)中可以看出,Sb_2Te_3 薄膜和 Bi_2Te_3 薄膜中的 Te 原子与 Sb/Bi 原子数比值随着溅射工作气压的增加而增大。Sb_2Te_3 薄膜中 Te 原子与 Sb 原子的数量比值从工作气压为 0.2 Pa 时的 1.36 增加到工作气压为 1.1 Pa 时的 1.99,比值增加了约 46.3%。而 Bi_2Te_3 薄膜中 Te 原子与 Bi 原子的比值从工作气压为 0.2 Pa 时的 1.15 增加到工作气压为 1.1 Pa 时的 1.51,比值增加了约 31.3%。Sb_2Te_3 薄膜中 Te 原子与 Sb 原子的比值增加的幅度高于 Bi_2Te_3 薄膜中 Te 原子与 Bi 原子的比值增加的幅度。

Sb_2Te_3 薄膜和 Bi_2Te_3 薄膜内的两种原子的个数比值随溅射工作气压的增加而增大的原因主要有两个:一是这两种原子在不同溅射工作气压下从靶材上被轰击出来的数量不同;二是这两种原子在不同溅射工作气压下抵达基底成膜的数量不同。

对于第一个原因,Te 靶位于射频靶位,射频靶位不受靶材导电性影响,因此

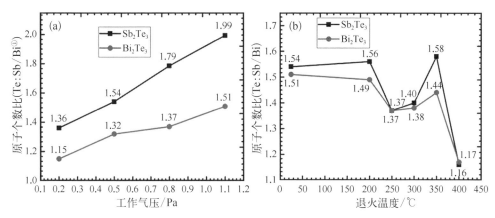

图 5‑29　Sb₂Te₃ 和 Bi₂Te₃ 薄膜中的原子个数比随不同实验条件变化的关系图

(a) 原子个数比与工作气压的关系；(b) 原子个数比与退火温度的关系

随着溅射工作气压的增加，Te 靶产生的 Te 原子数量增加。而对于 Sb 靶位，Sb 靶位于直流靶，直流靶位的溅射受靶材导电性的影响。Sb 原子虽有一定的导电性，但是导电性较差。在 Sb 靶位，随着溅射工作气压的升高，工作气体的 Ar 原子电离出的电子数量增多，电子在 Sb 靶表面的聚集对靶电场有一定的削弱作用。因此，在 Sb 靶位产生的 Sb 原子数量随气压升高而增大的同时，也受到靶表面增加的聚集电子电场的削弱作用。从而造成 Te 原子的产生数量随溅射工作气压升高而增加的速率高于 Sb 原子的增加速率，从而引起 Te 原子与 Sb 原子个数比值随溅射工作气压升高而增大。对于 Bi₂Te₃ 薄膜，在不同溅射工作气压的条件下呈现的 Te 原子和 Bi 原子的个数比随溅射工作气压的增加而增大的趋势与 Sb₂Te₃ 薄膜相似，也是由于第一种原因造成的。但是，由于 Bi 靶的金属性即导电性要高于 Sb 靶，因此 Bi 靶位上的电子聚集效果弱于 Sb 靶，因此 Bi₂Te₃ 薄膜中 Te 原子与 Bi 原子的个数比增加的幅度低于 Sb₂Te₃ 薄膜中 Te 原子与 Sb 原子的个数比的增加幅度。

对于第二个原因，Te 原子的半径小于 Sb 原子和 Bi 原子的半径，溅射出的原子在向基片运动的过程中，半径大的原子在工作气体中受到碰撞的概率大，碰撞后的大原子的平均自由程减小，造成大原子到达基片的原子数量减少。因此，随着溅射工作气压的增加，半径小的 Te 原子受到碰撞的概率要低于半径大的 Sb 原子和 Bi 原子，因此造成 Te 原子与 Sb/Bi 原子的个数比随溅射工作气压升高而增大。

从图 5‑29(b)中可以看出，退火温度小于 200 ℃时，薄膜中 Te 原子和 Sb/Bi 原子的个数比基本保持稳定，退火温度达到 250 ℃时，Te 原子的比例降低。继续升高退火温度，当温度升高到 350 ℃时，Te 原子在薄膜中的原子比增大，甚至在

---

① Te：Sb/Bi，表示 Te 原子数与 Sb/Bi 原子数的比值。

Sb_2Te_3 薄膜中 Te 原子在薄膜中的原子比超过未退火时的原子比。退火温度升高到 400 ℃时，Te 原子在薄膜中的个数所占的比例急剧下降。造成上述变化的主要原因可能是 Te 元素具有较高的蒸气压，尤其是在 Sb_2Te_3 薄膜中表现明显。由于 Te 元素较高的蒸气压，其在真空条件下，尤其是在温度较高时容易挥发。本节中的实验是在氮气氛围、常压下进行退火，Te 原子在较低退火温度(200 ℃)下保持相对稳定，Te 原子在薄膜中的比例基本稳定。但是随着退火温度的升高，薄膜表面的 Te 原子开始挥发，并有部分 Te 原子在薄膜表面析出结晶，造成薄膜内部 Te 原子的减少。随着退火温度的继续升高，薄膜内部更深处的 Te 原子析出表面，并在薄膜内形成孔洞，同时 Te 颗粒在薄膜表面迅速生长沉积，Te 原子析出物长大，如图 5-30 所示。Te 颗粒在薄膜表面长大，粒径与膜厚相当，如此大小的颗粒分布造成 Te 元素在薄膜近表面位置富集，因此，通过面扫描的方式得到的 Te 原子数量比例显示升高。当退火温度升高到 400 ℃时，薄膜内的 Te 元素大量挥发，薄膜内形成大孔洞。有很大一部分挥发的 Te 原子沉积在退火炉腔体内壁，部分 Te 原子在薄膜表面析出、沉积、长大。由于薄膜损失较大，造成薄膜 Te 原子比例极大降低。

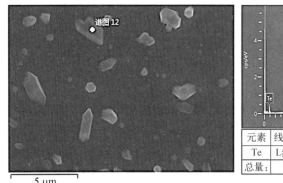
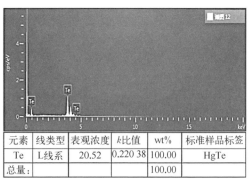

元素	线类型	表观浓度	k比值	wt%	标准样品标签
Te	L线系	20.52	0.220 38	100.00	HgTe
总量:				100.00	

图 5-30　经过 350 ℃保温 2 小时退火的 Sb_2Te_3 薄膜上析出颗粒的能谱元素分析

如图 5-29(b)所示，Sb_2Te_3 薄膜和 Bi_2Te_3 薄膜的原子个数比随退火温度的变化趋势虽然一致，但是 Bi_2Te_3 薄膜的原子个数比的变化较 Sb_2Te_3 薄膜的原子个数比变化较小。原因可能是 Bi 原子比 Sb 原子的电负性小，与 Te 原子成键的强度要高于 Sb 原子，能够在一定程度上抑制 Te 原子的挥发。

4) Sb_2Te_3 薄膜和 Bi_2Te_3 薄膜的厚度与退火温度的关系

图 5-31 展示了 Sb_2Te_3 薄膜和 Bi_2Te_3 薄膜的厚度与退火温度之间的关系。从图中可知，对于 Sb_2Te_3 薄膜，随着退火温度的升高，退火后薄膜的厚度增加，其原因主要是薄膜内的 Te 原子在薄膜表面析出并结晶长大，引起薄膜厚度增加。然而对于 Bi_2Te_3 薄膜，随着退火温度的升高，退火后的薄膜厚度减小。这是因为当退

火温度升高时，Te 原子因较高的蒸气压而挥发，然而由于 Bi 的熔点很低，在较高的退火温度下 Bi 原子的扩散迁移率很高。当退火温度高于 Bi 的熔点时，Bi 处于熔化状态。因此，当 Te 原子挥发损失时，Bi 与 Te 很快能进行再结晶而对薄膜结构进行重组。Te 损失越多，薄膜重组后就会造成 Bi_2Te_3 薄膜的厚度越小。

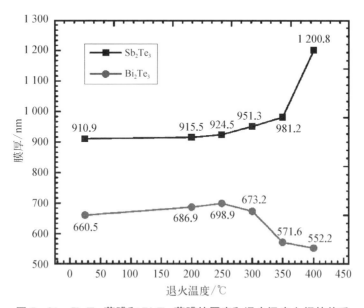

图 5-31 Sb_2Te_3 薄膜和 Bi_2Te_3 薄膜的厚度和退火温度之间的关系

5）Sb_2Te_3 薄膜和 Bi_2Te_3 薄膜的电学性能

图 5-32 显示了 Sb_2Te_3 薄膜和 Bi_2Te_3 薄膜的载流子浓度、导电率与退火温度之间的关系。由图 5-32(a)可知，Sb_2Te_3 薄膜内的载流子浓度值为正，说明 Sb_2Te_3 薄膜内的载流子类型为空穴，材料为 P 型热电材料。而 Bi_2Te_3 薄膜内的载流子浓度值为负，说明 Bi_2Te_3 薄膜内的载流子类型为电子，材料为 N 型热电材料。当退火温度升高至 350 ℃，Sb_2Te_3 薄膜和 Bi_2Te_3 薄膜的载流子浓度的绝对值随着退火温度的升高而降低。Sb_2Te_3 薄膜的载流子浓度从 3.98×10^{20} cm^{-3} 降低至 0.77×10^{20} cm^{-3}，Bi_2Te_3 薄膜的载流子浓度绝对值从 4.71×10^{20} cm^{-3} 降低至 1.10×10^{20} cm^{-3}。继续升高退火温度至 400 ℃，Sb_2Te_3 薄膜和 Bi_2Te_3 薄膜的载流子浓度略有升高，Sb_2Te_3 薄膜内的载流子浓度升高至 0.91×10^{20} cm^{-3}，Bi_2Te_3 薄膜内的载流子浓度绝对值升高至 1.13×10^{20} cm^{-3}。

由图 5-32(b)可知，Sb_2Te_3 薄膜和 Bi_2Te_3 薄膜的电导率随着退火温度的增加而升高，并在退火温度为 350 ℃时达到最大值，Sb_2Te_3 薄膜的电导率从 200 ℃时的 0.75×10^4 S/m 增加到 1.26×10^4 S/m，Bi_2Te_3 薄膜的电导率从 200 ℃时的 $0.73\times$

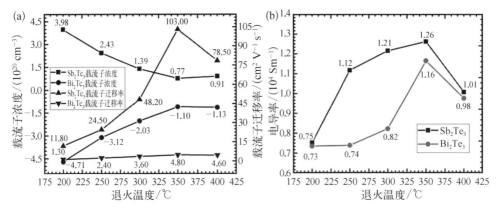

图 5 - 32　Sb₂Te₃ 薄膜和 Bi₂Te₃ 薄膜的载流子浓度、载流子迁移率、
电导率与退火温度之间的关系

（a）载流子浓度、迁移率与退火温度的关系；（b）电导率与退火温度的关系

10^4 S/m 增加到 1.16×10^4 S/m。然而电导率在退火温度升高到 400 ℃时有一个明显的降低，Sb₂Te₃ 薄膜的电导率降低到 1.01×10^4 S/m，Bi₂Te₃ 薄膜的电导率降低到 0.98×10^4 S/m。

电导率前期的增加可能是由于退火温度的升高，晶体生长具有择优取向，晶粒长大造成晶界减少，从而降低晶界对载流子散射效应的影响，使得载流子的迁移率升高，引起电导率增大。当退火温度过高时，可能是由于 Te 原子的损失引起更多的晶体缺陷，造成载流子的散射效应增强，载流子迁移率降低，从而引起电导率下降。

图 5 - 33 展示了 Sb₂Te₃ 薄膜和 Bi₂Te₃ 薄膜的赛贝克系数和功率因子与退火温度之间的关系。由图 5 - 33(a)可以看出，赛贝克系数的绝对值随退火温度的升高而增大，在 350 ℃时达到最大值，Sb₂Te₃ 薄膜的赛贝克系数由 200 ℃时的 104.2 μV/K 增大

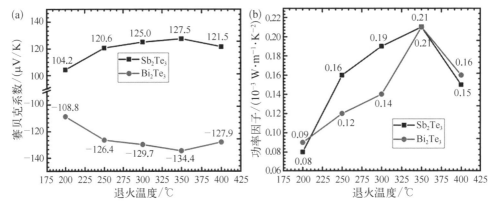

图 5 - 33　Sb₂Te₃ 薄膜和 Bi₂Te₃ 薄膜的赛贝克系数、功率因子与退火温度之间的关系

（a）赛贝克系数与退火温度的关系；（b）功率因子与退火温度的关系

到 350 ℃时的 127.5 μV/K，Bi$_2$Te$_3$ 薄膜的赛贝克系数绝对值由 200 ℃时的 108.8 μV/K
增大到 350 ℃时的 134.4 μV/K。而当退火温度增加到 400 ℃时，赛贝克系数的绝
对值下降，Sb$_2$Te$_3$ 薄膜的赛贝克系数下降到 121.5 μV/K，Bi$_2$Te$_3$ 薄膜的赛贝克系
数绝对值下降到 127.9 μV/K。

简并半导体的赛贝克系数可以表示为

$$S = \frac{2k_{\mathrm{B}}^2 T}{3\hbar^2 q} \cdot m^* \cdot \left(\frac{\pi}{3n}\right)^{\frac{2}{3}} \left(\frac{3}{2} + \gamma\right) \tag{5-21}$$

式中，k_{B} 为玻尔兹曼常数，$\hbar$ 为约化普朗克常数，$\hbar = \dfrac{h}{2\pi}$，h 为普朗克常数，q 为电荷
量，γ 为散射因子，n 为载流子浓度，m^* 为载流子的有效质量，T 为绝对温度。从式
（5-21）中可以看出，载流子浓度对赛贝克系数有重要影响，当载流子浓度增加时，赛
贝克系数减小；当载流子浓度减小时，赛贝克系数增加，这与实验测量的结果一致。

热电材料的电学性能可以用功率因子 PF 表示：

$$PF = S^2 \sigma \tag{5-22}$$

式中，S 为热电材料的赛贝克系数，σ 为热电材料的电导率。Sb$_2$Te$_3$ 薄膜和 Bi$_2$Te$_3$
薄膜的功率因子与退火温度的关系曲线如图 5-33（b）所示。前期，Sb$_2$Te$_3$ 薄膜和
Bi$_2$Te$_3$ 薄膜的功率因子随着退火温度的升高而增大，在 350 ℃时达到最大值，Sb$_2$Te$_3$
薄膜的功率因子从 200 ℃时的 0.08×10^{-3} W/(m·K^2)增加到 350 ℃时的 0.21×
10^{-3} W/(m·K^2)，Bi$_2$Te$_3$ 薄膜的功率因子从 200 ℃时的 0.09×10^{-3} W/(m·K^2)
增加到 350 ℃时的 0.21×10^{-3} W/(m·K^2)。之后，当退火温度增加到 400 ℃时功
率因子降低，Sb$_2$Te$_3$ 薄膜的功率因子降低至 0.15×10^{-3} W/(m·K^2)，Bi$_2$Te$_3$ 薄膜
的功率因子降低至 0.16×10^{-3} W/(m·K^2)。

5.3 基于 MEMS 工艺的超薄热电器件加工工艺研究

5.3.1 概述

微型热电转换器件能够为 MEMS 器件提供微瓦或毫瓦级的能量供应。常见的
热电器件的结构为 Π 型结构，利用 MEMS 技术，能够将成千上万的热电材料对进行
串联。热电对的串联能够实现更高的直流电压输出。然而由于微尺度器件的制造存
在一定的困难，因此，迫切需要开发一种简单可靠的 MEMS 热电转换器件制造方法。

在微型热电器件的加工工艺中，实现两个热电对之间顶电极的电学连接是完
成热电对串联的最重要的加工工艺之一，也是制造难点之一。实际上，这是一个非

常复杂的加工过程,主要包括光刻胶旋涂、掩膜版对准、紫外曝光、显影、沉积金属电极和热电材料、剥离等工序。为了实现 II 型热电对之间的电连接,需要先填充两个热电对之间的间隙,作为顶电极电连接的支撑结构。在本节所述研究中,使用光刻胶作为支撑结构。对于支撑结构的加工处理,有两个关键问题需要解决,这两个问题也是本节关注的主要研究方向。第一个问题是在沉积并剥离完 Au 顶电极后,整个顶电极厚度的均匀性是否一致。如图 5 - 34 所示为支撑结构完成加工后的结构示意图。加工后的支撑胶边缘比较陡直,在沉积 Au 顶电极时会在支撑胶边缘形成阴影效应,从而造成支撑胶侧壁沉积的 Au 层厚度相对于其他位置厚度很薄,甚至是无沉积,结果导致顶电极在此位置连接不良,会极大地增加整个器件的内阻,甚至会造成后续顶电极成型工艺中的断裂。第二个问题是作为支撑结构的充刻胶(支撑胶)在接下来的工艺过程中可能会被溶解,从而失去支撑作用,导致工艺失败。由于在支撑胶加工完成之后需要通过光刻为顶电极加工制备掩模,而支撑胶的位置正好位于曝光区域,造成支撑胶被曝光,因此在后续光刻工艺的显影工艺中,显影液可能会将支撑胶溶解而去除,造成顶电极加工因支撑胶消失而失败。为了解决这两个问题,有研究者提出了一个有效的方法。这个方法就是通过精确控制紫外线曝光剂量得到光刻胶支撑结构,然后使用等离子去胶机去掉支撑胶凸出的部分使支撑胶结构的表面与两侧的热电柱相平;接着再沉积一层极薄的 Au 层,这层薄膜可以避免光刻胶支撑结构因被曝光在显影液中而被溶解,只最后在移除支撑胶结构的工艺中使用丙酮将其溶解去除[145]。然而,尽管这种方法可行,但是其加工过程不可靠且非常复杂。首先,曝光部位的曝光深度很难通过控制紫外光线的曝光剂量进行精确控制。其次,支撑胶表面经过等离子刻蚀后会变得非常粗糙(如图 5 - 35 所示),粗糙的表面会恶化薄膜的质量而增加顶电极的电阻。

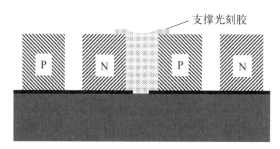

图 5 - 34　支撑光刻胶完成加工后的结构示意图

　　为了实现热电对的串联,必须将一个热电对的 P 型柱与另一个热电对的 N 型柱进行有效的电连接,即完成顶电极的加工。为了解决上文提到的问题,本部分研究将首次提出在微型热电器件中复合应用非接触曝光法和光刻胶回流法的方法。非接触曝光法和光刻胶回流法在对 MEMS 开关和微透镜的研究中被提出过。但

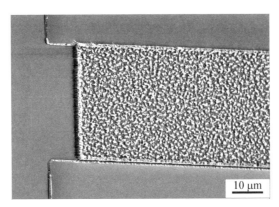

图 5 - 35　经等离子刻蚀后的光刻胶表面形貌

是这两种方法目前还没有被用于微型热电器件的加工。本节提到的这种复合加工方法比以前的加工方法更加简单、可靠和经济。另外,这种方法可以用于更薄、更小、集成度更高的热电器件加工。同时,对于与热电器件结构类似的串联结构的加工也可以使用这种加工方法。

后文将详细介绍非接触曝光和光刻胶回流复合应用法。

5.3.2　MEMS 热电芯片工艺开发

1) 紫外光刻技术

紫外光刻技术指的是采用紫外光源将掩膜版上的图形转移到光刻胶上,并通过显影技术将图形结构在衬底上显示出来。紫外光刻技术的工艺一般包括基片清洗、光刻胶旋涂、光刻胶软烘、对准曝光、曝光后烘、显影、坚膜后烘、检查等。

(1) 基片清洗:清洗主要是为了去除基片上的污染杂质,增加基片和光刻胶之间的黏附性。基片清洗分为有机清洗、无机清洗和等离子清洗等。

(2) 光刻胶旋涂:将光刻胶滴到置于匀胶机上的基片上,保持一定的转速一定时间后,在基片表面获得均匀厚度的光刻胶。

(3) 光刻胶软烘:旋涂后的光刻胶放入一定温度的热板或烘箱一定时间,除去光刻胶中的溶剂,提高基片上光刻胶的均匀性和黏附性。

(4) 对准曝光:将掩膜版上的图形转移到光刻胶上。

(5) 曝光后烘:曝光后烘针对的是负性光刻胶,经过后烘进一步提高光刻胶与基片的黏附性,使负性光刻胶的曝光部分交联固化。

(6) 显影:使用显影液溶解掉光刻胶中的可溶解部分,将掩膜版的图形在基片上显示出来。

(7) 坚膜后烘:进一步去除光刻胶中的溶剂,使光刻胶变硬,提高光刻胶在后续工艺中的稳定性。

（8）检查光刻胶：检查结构中是否存在缺陷。

2）光刻胶

光刻胶是一种含有溶剂、树脂、感光剂及其他添加剂的混合有机物。在经过曝光后，光刻胶的结构发生变化，在显影液中的溶解度发生改变。光刻胶可作为掩膜将掩膜版上的图形转移到基片上。根据光刻胶与紫外线相互作用后光刻胶结构的不同变化，可将光刻胶分为正性光刻胶和负性光刻胶。

（1）正性光刻胶：在曝光后，曝光区的树脂大分子链断裂，能够在显影液中溶解去除。

（2）负性光刻胶：在曝光后，曝光区的树脂大分子链发生交联，在显影液中，未曝光区域的光刻胶可被溶解去除。

3）反应离子刻蚀

反应离子刻蚀是干法刻蚀工艺的一种，刻蚀气体形成的等离子体在偏置电场作用下向基片轰击，形成物理刻蚀。同时，反应气体的等离子体基团具有很高的化学活性，能够与基片表面进行化学反应，形成化学刻蚀。反应离子刻蚀是一种在物理刻蚀和化学刻蚀共同作用下的刻蚀方法，刻蚀效率高，且各向异性好。

5.3.3 开发过程

1）非接触曝光

非接触曝光法指的是在曝光时掩模版的 Cr 层与光刻胶保持一定的距离，而不是常规曝光时的接触状态，如图 5-36 所示。曝光时掩模版的 Cr 层与光刻胶之间的距离称为曝光间距。本节将研究在不同曝光间距下，显影后光刻胶的不同形貌，研究过程如下：

（1）清洗硅片。

（2）旋涂光刻胶。

（3）曝光。

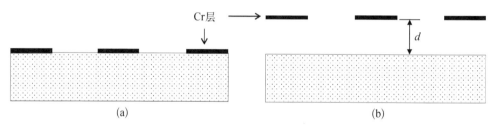

图 5-36 普通曝光与非接触曝光示意图

（a）接触式曝光；（b）非接触曝光

（4）显影。

（5）形貌观测。

2）填充胶宽度设计

光刻胶作为顶电极结构加工时的支撑结构，需要对其填充宽度进行设计验证，选择合适的宽度。为了节约实验资源，我们没有在实际的热电器件上进行实验，只在具有和热电器件形状结构相同的硅片结构上进行研究，二者的结构示意图如图 5-37 所示。硅片上与热电器件形状相同的结构通过反应离子刻蚀的方法直接在硅片上加工出来，加工方法如图 5-38 所示。

图 5-37　研究示意图

（a）实际器件结构；（b）本实验采用结构

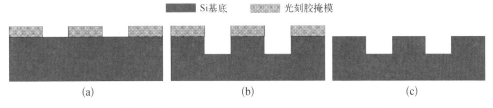

图 5-38　硅片采用与热电器件相同的结构加工工艺

（a）光刻制备光刻胶掩模；（b）反应离子刻蚀；（c）洗去光刻胶掩模

具体加工实验过程如下。

（1）去硅片氧化层：将硅片放入 BOE（缓冲氧化物刻蚀液）中浸泡，取出后迅速用去离子水冲洗，然后用压缩氮气吹干备用。

（2）旋涂光刻胶：先将硅片放到热板上进行前烘处理，在冷板上冷至室温后旋涂光刻胶，然后用热板烘后放到冷板上冷至室温。

（3）曝光：采用紫外线进行曝光，将掩模版上的图形转移到光刻胶上，图形与热电器件加工中热电柱的形状相同。

（4）显影：将曝光后的样品放入显影液中显影，然后用去离子水冲洗，最后用压缩氮气吹干。

（5）刻蚀：使用反应离子刻蚀法刻蚀硅片。

（6）去除光刻胶：刻蚀后，将样品放入丙酮中浸泡，洗去掩模光刻胶，留下所需结构。

（7）加工填充层：使用正性光刻胶作为填充层，重复旋涂、前烘、对准、曝光、显影的步骤。填充光刻胶宽度设计示意如图5-39所示。

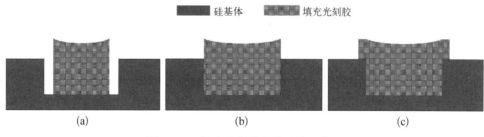

| ■ 硅基体 | ▨ 填充光刻胶 |

图 5-39　填充光刻胶宽度设计示意图

（a）填充光刻胶宽度小于填充间距；（b）填充光刻胶宽度等于填充间距；
（c）填充光刻胶宽度大于填充间距

（8）观察测试：在非接触曝光和熔融光刻胶实验条件下进行形貌观测和填充性测试。

对经不同实验条件处理后的样品使用表面轮廓仪和SEM对填充光刻胶的结构进行测量和观察。进行SEM观测之前先进行喷金处理，以增加其表面导电性，有助于获得良好的SEM图像。

5.3.4　结果与讨论

1）非接触曝光法

如图5-40所示为正性光刻胶在不同曝光间距下得到的表面形貌轮廓曲线。从曲线上可以看出，随着曝光间距的增大，光刻胶边缘角逐渐消失，呈弧形。当间距足够大时，光刻胶的两个边缘角消失并连接成一体。大曝光间距使得光刻胶顶部部分曝光，显影后高度降低，整个顶部呈圆弧状。不同曝光间距条件下，紫外线透过掩膜版与光刻胶相互作用的示意图如图5-41所示。图5-41(a)为正常的接触曝光，即曝光间距为0，掩膜版上的Cr层与光刻胶紧密接触，没有Cr层的部分紫外线可透过，此时紫外线经Cr层边缘透过光刻胶的路程最短，紫外线在Cr层边缘发生散射后影响的区域最小。但是这仍然会使正常接触式曝光显影后的光刻胶侧壁呈正梯形，这也是正性光刻胶光刻后结构的共性，如图5-42(a)。如图5-41(b)所示，当掩膜版与光刻胶相距一定的距离时，紫外线在Cr层边缘的散射光就会经过一段距离的传播，使得离散射位置最近(即Cr层边缘)的那部分光刻胶曝光，使得光刻胶的边缘角变圆滑。当掩膜版与光刻胶的距离足够大，如图5-41(c)所示，散射的紫外线可以使得整个Cr层下面的光刻胶曝光。离Cr层边缘越远，即从Cr

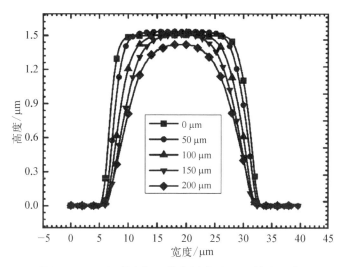

图 5‐40　不同曝光间距的光刻胶形貌(正性光刻胶)

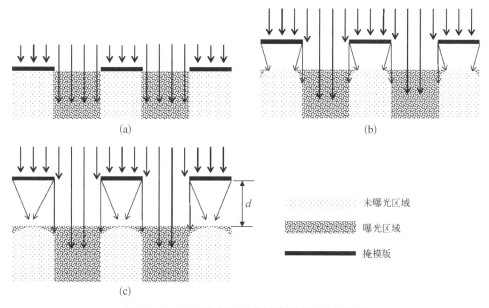

图 5‐41　不同曝光间距光刻胶曝光区域示意图

(a) 曝光间距为 0；(b) 一定曝光间距；(c) 较大曝光间距

层边缘到中间，散射光线越弱，曝光深度越浅，因此整个光刻胶上表面的形貌轮廓呈圆弧状，如图 5‐42(b)所示。

为了更直观地表征不同曝光间距对光刻胶形貌的影响，尤其是对光刻胶侧壁垂直度的影响，我们定义光刻胶形貌曲线的最大斜率代表光刻胶侧壁的垂直度，即光刻胶侧壁的倾斜度直接用垂直度表示。光刻胶侧壁的垂直度随不同曝光间距的

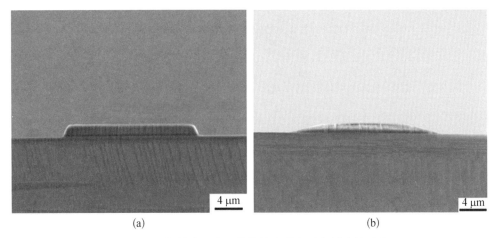

(a)   (b)

图 5 - 42   接触式曝光和非接触式曝光后光刻胶的形貌

(a) 接触式曝光后光刻胶的形貌;(b) 非接触式曝光(曝光间距为 $200\,\mu m$)后光刻胶的形貌

变化及其拟合曲线如图 5 - 43 所示,其中拟合曲线的决定系数[R - Square(COD)]为 0.98。从图 5 - 43 中可知,随着曝光间距的增加,光刻胶的侧壁垂直度降低,这有利于基片表面与光刻胶表面形成平缓、自然的过渡。在顶电极加工工艺中,热电柱表面与光刻胶表面之间的平缓、自然过渡,可以提高两个热电柱之间顶电极的连接强度。光刻胶侧壁的垂直度越低,基片表面与光刻胶表面之间的过渡越平缓、自然。根据实验结果及其拟合曲线,得到一个在本实验条件下曝光间距 d 和光刻胶侧壁垂直度 ξ 之间的经验关系式:

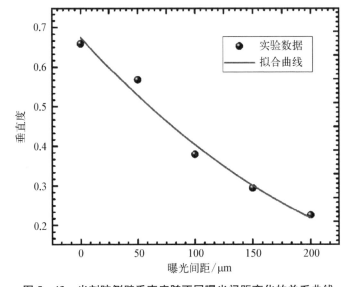

图 5 - 43   光刻胶侧壁垂直度随不同曝光间距变化的关系曲线

$$\xi = 0.675 - 0.003d + \frac{4.255d^2}{10^6} \qquad (5-23)$$

式中，$0 \leqslant d \leqslant 200$，单位为 μm。

2）光刻胶回流法

如图 5-44 所示为光刻胶在不同加热温度下保温后的表面轮廓曲线。其中，左图为经过处理后的光刻胶的整个轮廓曲线，即经过处理后的光刻胶顶部的轮廓曲线，右图为左图中阴影区域的局部放大图。图 5-45 所示为光刻胶的高度和侧壁垂直度与回流温度之间的关系：图 5-45(a)所示的光刻胶厚度（即高度）变化曲线，当回流温度从室温（即图 5-44 中所示原始曲线）开始逐渐升温时，光刻胶的高度升高。当回流温度升高到 170 ℃，光刻胶的高度达到实验最大值。继续升高回

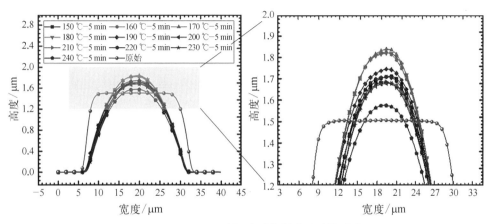

图 5-44　不同回流温度对光刻胶形貌的影响

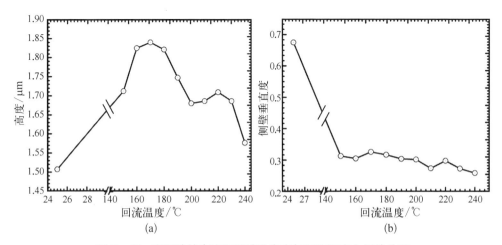

图 5-45　光刻胶的高度和侧壁垂直度与回流温度之间的关系

（a）光刻胶高度与回流温度的关系曲线；（b）光刻胶侧壁垂直度与回流温度的关系曲线

流温度,光刻胶的高度降低。在不考虑加工、测量误差的情况下,光刻胶高度保持一定时间的相对稳定。再继续升高回流温度后,光刻胶的高度有一个显著的降低。

自回流温度从室温升高到 150 ℃ 开始,光刻胶的形状已经发生变化,直到 240 ℃,除了高度的变化,光刻胶轮廓形状基本保持为弧状。图 5-45(b)展示了在不同回流温度下保温 5 min 后光刻胶侧壁垂直度的变化情况。

如图 5-46 所示为光刻胶在相同加热条件下采用不同保温时间引起的光刻胶表面轮廓变化的曲线图。其中,左图为经过处理后的光刻胶的整个轮廓曲线,即经过处理后的光刻胶顶部的轮廓曲线,而右图为左图中阴影区域的局部放大图。由图 5-46 可以看出,在经过回流后,随着保温时间的增加,回流后光刻胶的表面形状基本保持为弧形。除了回流后光刻胶高度随保温时间的增加而变化外,光刻胶侧壁的垂直度也发生一定的变化。如图 5-47 所示为在给定回流温度条件下光刻胶的高度和侧壁垂直度与保温时间之间的关系。从图 5-47(a)中可以看出,当进行回流保温处理时,光刻胶的厚度增加。随着保温时间的增加,在不考虑加工误差和测量误差的情况下,光刻胶的高度呈现先大幅度增加再上下波动的趋势。通过对比图 5-45(a)和图 5-47(a)发现,由保温时间引起的光刻胶高度的变化幅度小于由回流温度引起的高度变化幅度。由此可以看出,回流温度对光刻胶回流特性的影响大于热作用时间(即保温时间)的影响。回流温度和保温时间对光刻胶流动特性的影响可以用公式(5-24)和公式(5-25)表示:

$$L_T = \sqrt{\frac{\mu_T t}{\rho}} \tag{5-24}$$

$$\mu_T = 4.48 \times 1\,016\exp\left(-\frac{484.2}{T}\right) \tag{5-25}$$

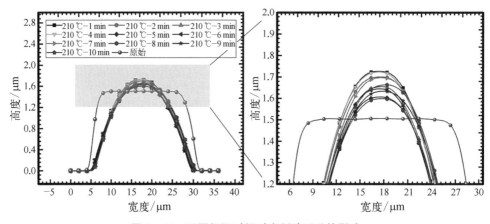

图 5-46　不同保温时间对光刻胶形貌的影响

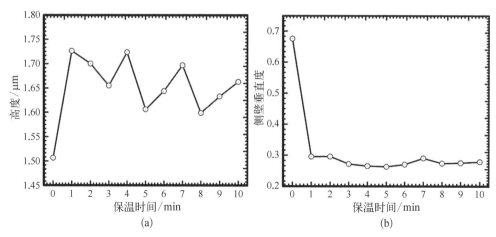

图 5-47 给定回流温度下光刻胶的高度和侧壁垂直度与保温时间之间的关系

(a) 光刻胶高度与保温时间的关系曲线；(b) 光刻胶侧壁垂直度与保温时间的关系曲线

式中，L_T 表示光刻胶在热作用下的流动距离，ρ 为光刻胶的密度，μ_T 为光刻胶在温度 T 时的流动速率，t 为时间，T 为绝对温度。

如图 5-47(b)所示为光刻胶侧壁垂直度与保温时间之间的关系图。从图中可知，当原始样品经过保温处理之后，光刻胶侧壁的垂直度有一个明显的降低。之后随着保温时间的增加，光刻胶侧壁的垂直度有一个轻微的下降幅度，然后基本保持稳定。

通过研究回流温度和保温时间对光刻胶轮廓的影响可知，过高回流温度及过长保温时间会引起光刻胶高度的降低，在光刻胶高度降低的同时，光刻胶侧壁的垂直度也在降低。这说明在光刻胶回流过程中，光刻胶的体积是减小的。

光刻胶的熔融回流过程如图 5-48 所示，当温度达到光刻胶的玻璃化温度时，光刻胶开始软化变形，光刻胶的边角位置由于其较高的表面张力先发生变形，如图 5-48(a)、(b)所示。随着保温时间的延长，光刻胶中部因两边向中部回流而引起光刻胶高度的增加直至最大高度，如图 5-48(c)所示。然后在表面张力和重力，以及光刻胶内溶剂等的挥发和组织结构的变化的作用下，光刻胶高度降低，最终达到稳定状态，如图 5-48(d)所示。

如图 5-49 所示为不同处理条件(经非接触曝光和经加热回流后)下的光刻胶的表面轮廓曲线图，图中分别展示了光刻胶在不同曝光间距和不同加热回流及保温条件下的形貌变化。从光刻胶表面轮廓曲线可知，分别经过非接触曝光(200 μm 间距)和加热回流保温(0 μm-240 ℃-10 min)之后，光刻胶的顶部都可转变为圆弧状，如图 5-50 所示。但是经过热回流处理与经过非接触曝光处理相比，在热回流处理条件下，光刻胶的高度升高，并且高于未处理的原始样品的高度。这是由于光刻胶经过加热达到其玻璃化温度后，光刻胶软化，并在其表面张力的作用下进行

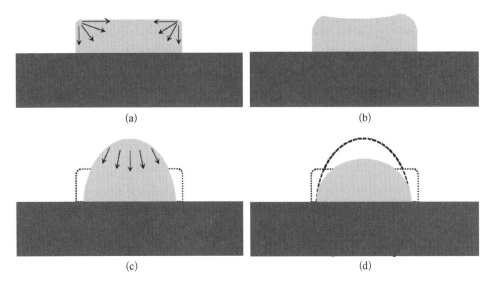

图 5 - 48　由表面张力引起的光刻胶熔融回流示意图

(a) 光刻胶开始软化变形；(b) 光刻胶的边角位置发生变形；
(c) 光刻胶高度增加；(d) 光刻胶高度降低并最终达到稳定状态

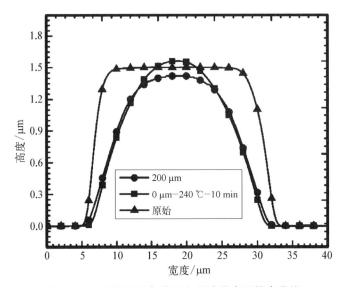

图 5 - 49　不同处理条件下光刻胶的表面轮廓曲线

流动。而光刻胶顶部边角位置的曲率大，在表面张力作用下最先变形，边缘的光刻胶在后续回流过程中向中部流动，引起中部高度升高。在本节中图 5 - 57 所示的 110 ℃ 保温 5 min 条件下光刻胶表面轮廓曲线可以看出光刻胶的两侧高度升高，而温度继续升高后，由于温度较高、回流较快而无法观测到光刻胶两侧的形变，只能看到整个光刻胶顶部全部转变为弧形。

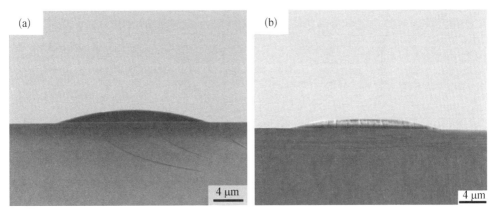

图 5‑50　不同处理条件下光刻胶的表面形貌

(a) 240 ℃‑10 min；(b) 曝光间距 200 μm

在非接触曝光条件下，光刻胶两侧边缘受散射紫外线的影响而受到曝光，在显影过程中被溶解掉曝光部分。与热回流造成的弧形相比，非接触曝光形成的弧形是由于"减去"光刻胶形成的，因此不会造成光刻胶高度的升高，反而会引起光刻胶高度的降低。热回流引起光刻胶形貌的变化不仅仅是由光刻胶流动造成的，也是因为在高温条件下，光刻胶内部部分溶剂挥发及组织结构变化而引起光刻胶体积的收缩。其中，体积的收缩在光刻胶的轮廓曲线上表现为"瘦高"，尤其是在光刻胶与基底接触处，此处是否"平滑"直接影响着沉积薄膜的连接质量。由图 5‑49 可以看出，热回流造成的弧形在与基底接触处的斜率比非接触曝光在此处的斜率大，形貌显得更为"陡峭"。因此，非接触曝光更适合用于光刻胶的加工。

上文已对光刻胶在平面上的非接触曝光和加热回流进行了研究，对光刻胶的非接触曝光特性和热回流特性有了一定的了解。下面将再通过对光刻胶在与热电器件结构类似的结构上进行非接触曝光和加热回流进行研究，以探究适用于热电器件加工的非接触曝光和加热回流工艺参数。

图 5‑51 为不同设计宽度的光刻胶支撑结构在不同回流温度下表面轮廓的变化曲线图。由图 5‑51 可知，当设计宽度太小时，两个"柱子"之间的间隙并不能被完全填满，如图 5‑51(a)～(c)所示，即使在经过保温处理后也未能填满间隙，甚至间隙更大。这主要是由于光刻胶经过加热后体积缩小，造成光刻胶与柱子之间的间隙变得更大。当设计宽度与柱子之间的间隙宽度(40 μm)相等时，在未加热的情况下光刻胶能够填满柱子之间的间隙，而加热后光刻胶与柱子间产生间隙，如图 5‑51(d)所示。产生这种现象的原因一是加热后光刻胶体积缩小，产生间隙；二是表面轮廓仪的测试误差。由于轮廓仪测试针尖尖端宽度为 2 μm，针尖面夹角为 60°，针体直径为 500 μm，而未加热的光刻胶侧边垂直度超过 70°，因此轮廓

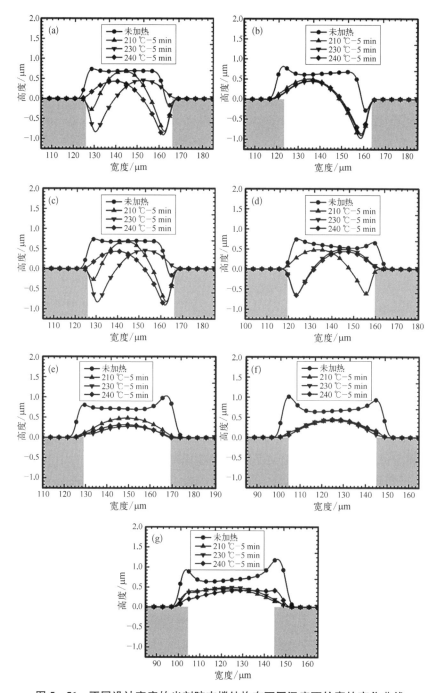

图 5 - 51　不同设计宽度的光刻胶支撑结构在不同温度下轮廓的变化曲线

（a）光刻胶设计宽度为 34 μm；（b）光刻胶设计宽度为 36 μm；（c）光刻胶设计宽度为 38 μm；
（d）光刻胶设计宽度为 40 μm；（e）光刻胶设计宽度为 42 μm；（f）光刻胶设计宽度为 44 μm；
（g）光刻胶设计宽度为 46 μm

仪的探针尖端还未接触光刻胶时便已开始计数,但尖端离开光刻胶时还没结束计数,由此造成轮廓仪测得的轮廓曲线比光刻胶实际的轮廓曲线大。在测试回流后的光刻胶轮廓曲线时,此时的光刻胶边缘垂直度非常小,轮廓仪探针斜边的影响会小很多,曲线更接近实际轮廓。由此可知,在设计宽度不同时,未加热的光刻胶从轮廓曲线上看完全填满了间隙,实际上可能由于测量误差的存在,导致未填满的情况在测试结果上显示为填满。另外,加工误差也是造成光刻胶未填满的一个重要原因。在曝光工艺进行过程中,图形对准造成的误差,包含人工操作对准误差和设备的机械对准系统误差,因此不能保证合适的设计宽度与 40 μm 宽的间隙完全对准,这必定会造成一定的位置偏移,在轮廓曲线上表现为一侧凹陷。另外,正性光刻胶的曝光特性也可能使实际的宽度略小于设计宽度。

当设计宽度大于 40 μm,即设计宽度为 42 μm、44 μm、46 μm 时,无论是否进行加热回流处理,都能够实现对柱子之间间隙的完全填充,如图 5 - 51(e)～(g)所示。当光刻胶设计宽度增加,大于间隙的宽度时,宽度余量可以弥补由加工误差造成的填充偏移,保证光刻胶能够完全填充间隙。设计宽度越大,余量越大,误差容量就越大。然而,过大的设计宽度会使得在光刻胶两侧的柱子顶端留下更多的残余光刻胶,残余光刻胶不仅会减少柱子顶端与顶电极连接的有效面积,还可能降低薄膜的沉积质量。由图 5 - 51(e)～(g)中的未加热光刻胶的轮廓曲线可以看出,随着设计宽度的增加,位于柱子顶端边缘的曲线的高度增加,两边高度对称度越高,这表明加工对齐越好。从曲线上也可以看出柱子上残余光刻胶对回流后光刻胶形貌的影响。加热回流后,残余的光刻胶在柱子靠近间隙的边缘位置发生回流形变,引起轮廓曲线在此位置凸起变形。设计宽度越大,残余光刻胶越多,加热回流后的轮廓曲线在光刻胶残余位置造成的凸起变形越严重。当设计宽度为 46 μm 时,曲线的凸起变形已经很严重,且从曲线凸起变形的形状上可以看出回流并不充分。一个原因是设计宽度太大,残余光刻胶过多,造成光刻胶的回流不充分;另一个原因可能是加热温度过高,光刻胶还没有进行充分回流就在高温下固化。因此,不宜采用过大的设计宽度进行填充,也不宜采用过高的温度进行光刻胶的回流处理。

光刻胶不同设计宽度在不同曝光间距条件下的表面轮廓曲线如图 5 - 52 所示。由于光刻胶的设计宽度在小于 40 μm 时无论是否进行回流,都无法对柱子间隙进行完全填充,因此非接触曝光的光刻胶的设计宽度分别为 40 μm、42 μm、44 μm 和 46 μm。由图 5 - 52 可以看出,随着曝光间距的增加(0～100 μm),光刻胶表面的轮廓曲线在两侧变得更平滑,而且两边凸起的高度也在降低。这说明非接触光刻不仅能够使得光刻胶两侧边缘变得更平缓,还能有效减少残余光刻胶的量。然而,随着曝光间距的进一步增加(100～200 μm),光刻胶的曝光区域和深度不断增加,甚至使得两个柱子间隙之间的光刻胶曝光,靠近掩膜版 Cr 层边缘,即间隙边缘的光刻胶在显影过程中被大量去除,在光刻胶和柱子侧壁之间因光刻胶曝光过多而产生间隙,如图 5 - 52 中所示的在柱子边缘轮廓曲线的凹陷。

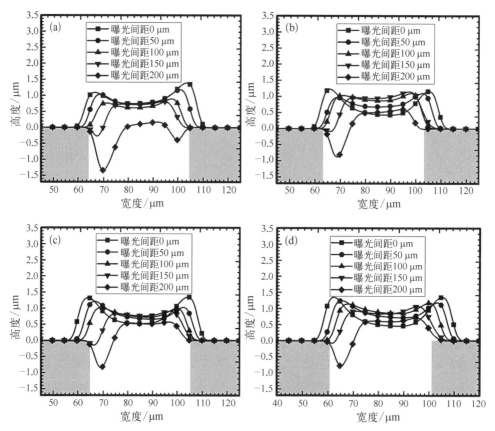

图 5 - 52　不同设计宽度光刻胶采用不同曝光间距光刻后表面轮廓的变化曲线

(a) 光刻胶设计宽度为 40 μm;(b) 光刻胶设计宽度为 42 μm;
(c) 光刻胶设计宽度为 44 μm;(d) 光刻胶设计宽度为 46 μm

对于相同曝光间距的不同光刻胶设计宽度,设计宽度越小,越容易在光刻胶和柱子侧壁之间重新产生间隙。而光刻胶设计宽度越大,残余的光刻胶量越多,对成膜的顶电极质量越具有不利影响。而具有相同设计宽度的光刻胶在不同曝光间距条件下时,曝光间距越小,支撑光刻胶侧边的平滑度越低,消除残余光刻胶的程度越低,也越不利于顶电极成膜质量。

综上,过小的曝光间距和过大的光刻胶设计宽度不利于在光刻胶边缘形成平滑过渡结构和消除残余光刻胶,过大的曝光间距和过小的光刻胶设计宽度易造成光刻胶无法填满柱子间隙。根据上述实验结果,光刻胶的设计宽度宜为 44 μm 或 46 μm,曝光间距宜为 150 μm。

　　具有不同设计宽度的光刻胶在不同曝光间距和 240 ℃保温 5 min 回流条件下表面轮廓的变化曲线如图 5-53 所示。从图中可以看出,不同设计宽度的光刻胶支撑结构在不同曝光间距和保温回流条件下都可以得到圆弧形的表面,但是在光刻胶支撑结构设计宽度为 40 μm 时[见图 5-53(a)],未经过间隙曝光的光刻胶轮廓曲线出现凹陷,这说明在经过回流处理后光刻胶并没有被完全填充,还存在间隙;而相同设计宽度的其他四条曲线并未出现间隙,只是整体凹陷,说明在这些样品中没有出现间隙,只是光刻胶的填充量不足,并未将两个柱子之间的间隙填满。在其他几个光刻胶支撑结构设计宽度条件下,只有在曝光间距过大,如 200 μm 时,整个轮廓曲线表现为凹陷,而其他设计宽度和曝光间距条件下,填充光刻胶都表现出良好的填充性。

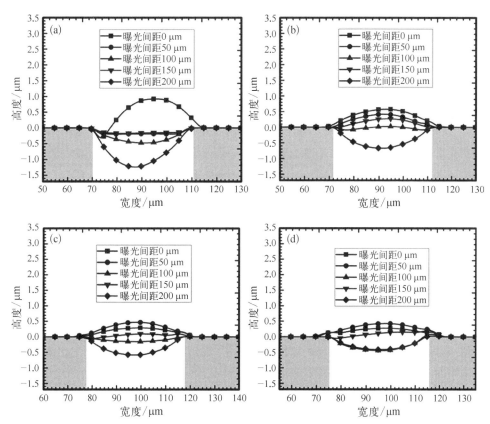

**图 5-53　不同设计宽度光刻胶支撑结构在不同曝光间距和 240 ℃
保温 5 min 回流条件下表面轮廓的变化曲线**

(a) 光刻胶设计宽度为 40 μm;(b) 光刻胶设计宽度为 42 μm;
(c) 光刻胶设计宽度为 44 μm;(d) 光刻胶设计宽度为 46 μm

　　整体来说,随着曝光间距的增大,回流后的光刻胶的高度降低,这是由于曝光间距增大,曝光的光刻胶部分增多,经显影去除的光刻胶也就越多。造成该情形的基本原理如图 5-54 所示。在对填充光刻胶进行非接触曝光时,散射的紫外线由于受到柱子顶部边缘的阻挡,在柱子底部角落的光刻胶处于阴影当中而不能被曝光,如图 5-54(b)所示。因此,显影后会在光刻胶和柱子之间且靠近柱子的一侧形成一个豁口空隙,如图 5-54(c)所示。在回流处理过程中,支撑结构中部的光刻胶会流向豁口空隙,造成中部光刻胶高度的降低,如图 5-54(d)所示。当曝光间距较小时,豁口空隙较小,中部的光刻胶能够在回流处理之后填满这一空隙,形成呈平面或圆弧形的表面轮廓形貌。

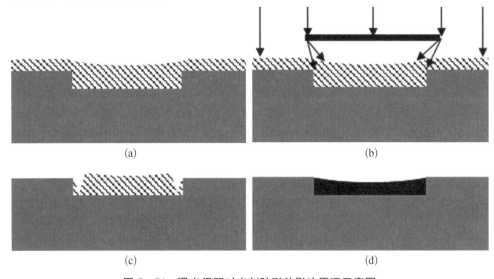

图 5-54 曝光间距对光刻胶形貌影响原理示意图

(a) 旋涂光刻胶;(b) 非接触曝光;(c) 显影;(d) 光刻胶回流

如图 5-55 所示为曝光后的光刻胶在不同温度条件下回流,其形貌及其在丙酮中的溶解性测试结果。图 5-55 中,每个分图中的左图为回流后的形貌变化,右图为回流后将光刻胶放入丙酮中浸泡 5 min 后的结果。由图 5-55(a)~(d)可以看出,未进行回流处理及经过 100 ℃ 至 130 ℃ 保温 5 min 回流处理后,光刻胶仍可以被丙酮溶解。如图 5-55(e)所示,经过 140 ℃ 保温 5 min 的回流处理,并在丙酮中浸泡 5 min 之后,绝大部分光刻胶被溶解掉,只有光刻胶边缘和中间部分区域存在残留的光刻胶。如图 5-55(f)、(g)所示,当回流温度达到 150 ℃,回流处理后的光刻胶在丙酮中浸泡 5 min 后没有明显的变化,不能被丙酮溶解。在回流温度从 100 ℃(光刻胶软烘温度)增加到 160 ℃ 的过程中,实验中可以观察到,当回流温度在 110 ℃ 时,首先看到光刻胶边缘发生变化。当回流温度达到 120 ℃ 时,光刻胶的整个形貌呈收缩隆起状。直到升高回流温度到 160 ℃,光刻胶形貌的光学显微镜图片无法显示出明显变化。

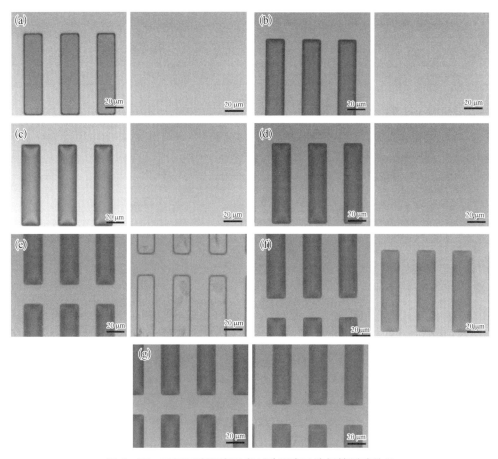

图 5 - 55　不同回流温度下光刻胶形变及溶解性测试结果

(a) 100 ℃- 5 min；(b) 110 ℃- 5 min；(c) 120 ℃- 5 min；(d) 130 ℃- 5 min；
(e) 140 ℃- 5 min；(f) 150 ℃- 5 min；(g) 160 ℃- 5 min

　　设计宽度为 44 μm 的光刻胶在不同处理方式下的 SEM 图如图 5 - 56 所示。如图 5 - 56(a)、(b)所示分别为曝光间距为 0(即接触式曝光)，在经 240 ℃保温 5 min 回流处理前后的光刻胶形貌，可以看出经回流处理之后，柱子边缘上残留较多的光刻胶，这些残留的光刻胶可能会影响镀膜的质量。如图 5 - 56(c)、(d)所示分别为曝光间距为 100 μm，在经 240 ℃保温 5 min 回流处理前后的光刻胶形貌，可以看出经回流处理之后，光刻胶表面平整，顶部轮廓略微呈弧形，在柱子边缘可以看到少量的残余光刻胶，但整体平整。如图 5 - 56(e)、(f)所示分别为曝光间距为 200 μm，在经 240 ℃保温 5 min 回流处理前后的光刻胶形貌。在进行回流处理前，如图 5 - 56(e)所示，在光刻胶和柱子接触的边缘形成了由于曝光显影而形成的豁口间隙，在经过回流处理之后，如图 5 - 56(f)所示，由于光刻胶填充量不足造成在与两个柱子之间的间隙中形成凹面。由于该凹面在与柱子边缘接触处,因此容易将柱子尖锐的边缘显露出来,不利于形成平滑的薄膜,且薄膜容易在尖锐的柱子边缘发生断裂。

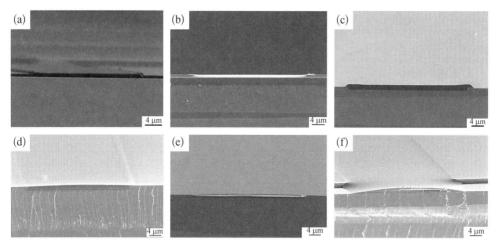

图 5-56 不同处理条件下光刻胶的形貌变化

(a) 接触式曝光;(b) 接触式曝光,240 ℃保温 5 min;(c) 曝光间距 100 μm;(d) 曝光间距 100 μm,
240 ℃保温 5 min;(e) 曝光间距 200 μm;(f) 曝光间距 100 μm,240 ℃保温 5 min

图 5-57 展示了光刻胶分别经过不同温度的回流处理后其表面轮廓曲线图。从图中可以看出,当回流温度为 110 ℃时,光刻胶两侧边缘首先开始收缩隆起,这与图 5-55(b)观察到的现象一致。光刻胶之所以首先从边缘开始变形,主要原

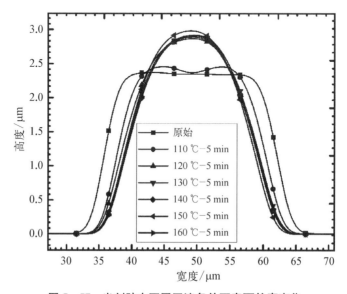

图 5-57 光刻胶在不同回流条件下表面轮廓变化

因可能是边缘的曲率较大,应力比较集中,当光刻胶达到玻璃化温度时,首先会在应力较大的地方发生形变。当回流温度升高到 120 ℃之后,由于温度较高,光刻胶在保温的 5 min 内已经基本完成回流,没有观察到边缘首先隆起的现象,只观察到 5 min 之后整个光刻胶在回流后形成的弧状顶部。回流后的光刻胶表面轮廓曲线与图 5 - 55 观察到的结果一致。从 120 ℃的回流温度开始,随温度升高,整个光刻胶的表面轮廓形状不再变化,只存在轻微的体积收缩,这种轻微的体积收缩对研究目的的影响不大。因此,在保温 5 min 条件下,只要温度不低于 120 ℃,就能够实现光刻胶的回流。同时,当回流处理温度不高于 130 ℃时,回流后的光刻胶仍能够在丙酮中完全溶解。而当回流处理温度不低于 150 ℃时,回流处理后的光刻胶就不能通过浸泡在丙酮中 5 min 进行去除。

光刻胶侧壁的垂直度随不同回流温度的变化及其拟合曲线如图 5 - 58 所示,其中拟合曲线的决定系数[R‑Square(COD)]为 0.97。从图中可以看出,随着回流温度的增加,光刻胶侧壁垂直度逐渐减小。根据实验结果及拟合曲线,得到一个在本实验条件下的关于回流温度 T 和光刻胶侧壁垂直度 ξ 之间的经验关系式(5 - 26):

$$\xi = 0.756 - 0.003T + \frac{5.311T^2}{10^6} \tag{5 - 26}$$

式中,110 ℃≤T≤240 ℃。

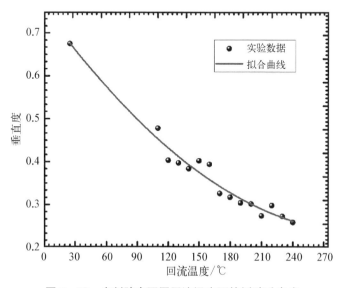

图 5 - 58 光刻胶在不同回流温度下的侧壁垂直度

5.4 MEMS 超薄热电阵列器件发电性能

微型化、集成化是目前各类功能器件发展的方向,各种高集成、大阵列、微型化的器件已经被用于人们生活的各个方面。器件的供能电源成为限制器件微型化的主要障碍,因此成为重要的研究方向。本节主要介绍采用上一节研究的复合加工方法制备超薄热电器件,并对加工的热电器件的性能进行表征,以此来验证复合加工方法在器件实际加工过程中应用的可靠性及对薄膜热电器件的性能进行评价,为未来热电器件的研究提供参考。

5.4.1 热电器件基本理论

根据昂萨格线性理论框架,在热电器件的热电转换过程中热和电的耦合作用可以使用动力学进行描述,这些过程遵守昂萨格倒易关系。假定不存在并联电路电流和垂直于电流方向上的热损失,在各向同性和稳态条件下,建立一维热电耦合传输电荷及热量传输模型,其示意图如图 5-59 所示,则考虑珀尔帖放热效应的热流量方程为

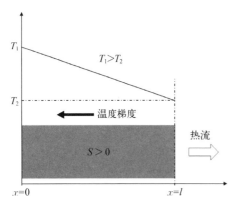

图 5-59 热电器件一维热电耦合传输电荷和热量传输模型示意图

$$q = -\kappa \cdot \nabla T + STj = q_c + q_p$$

$$(5-27)$$

$$j = \sigma U - \sigma S \nabla T \qquad (5-28)$$

式中,κ 为热导率,∇ 为拉普拉算子,T 为温度,S 为赛贝克系数,q 为热流量,j 为电流密度,U 为电压,σ 为电导率。

在稳态条件下,根据能量守恒和电荷守恒,则一维模型控制方程为

$$\nabla \cdot j = 0 \qquad (5-29)$$

$$\nabla \cdot q = j \cdot U \qquad (5-30)$$

$$U = \frac{j}{\sigma} + S \cdot \nabla T \qquad (5-31)$$

则得到一维模型的基础方程为

$$\nabla \cdot (-\kappa \cdot \nabla T) = -\tau \cdot \nabla T \cdot j + \frac{j^2}{\sigma} \qquad (5-32)$$

其中，τ 为汤姆生系数，为 $\frac{\partial S}{\partial T}T$。

方程(5-32)可改写为关于温度分布的方程

$$\frac{\partial}{\partial x}\left(-\kappa \cdot \frac{\partial T}{\partial x}\right)+j \cdot \frac{\partial(ST)}{\partial x}-Sj \cdot \frac{\partial T}{\partial x}=\frac{j^2}{\sigma} \tag{5-33}$$

利用常量材料性能模型，即假定材料的性能参数如赛贝克系数 S、热导率 κ 和电导率 σ 为常量，不随温度的变化而变化。由上面的方程得到

$$\frac{\partial^2 T}{\partial^2 x}=-c_1=-\frac{j^2}{\sigma\kappa} \tag{5-34}$$

方程(5-34)的解析解为

$$T(x)=-\frac{c_1}{2}x^2+c_2x+c_3 \tag{5-35}$$

由温度梯度 $\frac{\partial T}{\partial x}=-c_1x+c_2$ 和方程(5-31)得

$$\frac{\partial U}{\partial x}=-\frac{j}{\sigma}-S \cdot \frac{\partial T}{\partial x} \tag{5-36}$$

则电势的分布函数为

$$U(x)=S \cdot \frac{c_1 \cdot x^2}{2}-\left(\frac{j}{\sigma}+Sc_2\right) \cdot x+c_4 \tag{5-37}$$

上述方程中，三个常数 c_2、c_3、c_4 的值由边界条件决定。

边界条件有两种情况，一种是第一类边界条件，另一种是混合边界条件，需要分开讨论。

(1) 第一类边界条件。

给定热电柱两端的温度 T_1 和 T_2，其中 $T_1 > T_2$。有 $T(x=0)=T_1$，$T(x=l)=T_2$，$U(0)=0$。

可以通过计算得出 $c_2=\frac{1}{l}\left(T_2-T_1+\frac{c_1}{2} \cdot l^2\right)$，$c_3=T_1$，$c_4=0$。

(2) 混合边界条件。

给定热电柱一侧的温度和热流量，假定给定热电柱冷端的温度和热端的热流量，即 $q(x=0)=q$，$T(x=l)=T_2$，$U(0)=0$。

计算得出 $c_2=\frac{1}{\kappa+jSl}\left[jS\left(\frac{c_1}{2} \cdot l^2+T_2\right)-q\right]$，$c_3=\frac{1}{\kappa+jSl}\left[\kappa\left(\frac{c_1}{2} \cdot l^2+T_2\right)+ql\right]$，

$c_4 = 0$。

根据方程得到热通量为

$$q(x) = -\kappa \cdot \frac{\partial T}{\partial x} + jST(x) = \kappa(c_1 x - c_2) + jS\left(-\frac{c_1}{2} \cdot x^2 + c_2 x + c_3\right)$$

$$(5-38)$$

热端($x=0$)吸收的热通量为 $q(0) = -\kappa c_2 + jST_1$，由 $\Delta T = T_1 - T_2$，热端 $(x=0)$ 的吸收功率为 $P_h = qA$，电流 $I = jA$，A 为热电柱垂直于电流方向的横截面面积。将吸收功率写成关于电流 I 和温差 ΔT 的函数为

$$P_h(\Delta T, I) = -\left(\frac{\kappa A}{l} + IS\right) \cdot \Delta T + IST_1 - \frac{lI^2}{2\sigma A}$$

$$= -\left(\frac{\kappa A}{l} + IS\right) \cdot \Delta T + IST_1 - \frac{1}{2}I^2 r \qquad (5-39)$$

同理得到冷端的热流出功率 $P_c(\Delta T, I)$ 为

$$P_c(\Delta T, I) = -\left(\frac{\kappa A}{l} + IS\right) \cdot \Delta T + IST_2 + \frac{1}{2}I^2 r \qquad (5-40)$$

从而可以得到系统的输出功率 P 的表达式为

$$P = P_h(\Delta T, I) - P_c(\Delta T, I)$$

$$= IS \cdot \Delta T - I^2 r \qquad (5-41)$$

式中，r 为系统内阻。

5.4.2 热电器件的加工工艺过程

热电器件的加工采用改良后的复合加工方法，主要采用五步光刻法。其具体加工工艺过程如图 5-60 所示，详细加工工艺过程描述如下。

(1) 旋涂光刻胶[见图 5-60(a)]：覆盖有氧化层的硅片烘干后，首先旋涂光刻胶，然后在热板上烘烤，然后再旋涂正性光刻胶。

(2) 紫外曝光[见图 5-60(b)]：使用编号为 M1 的 Cr 掩膜版进行非接触式紫外曝光。

(3) 显影[见图 5-60(c)]：曝光后的样品经显影液显影，溶解洗去曝光部分的光刻胶，用去离子水冲洗，然后用压缩氮气吹干。

(4) Au 底电极沉积和剥离[见图 5-60(d)]：先用磁控溅射设备沉积 Cr 黏结层后沉积 Au，然后将样品放入丙酮中浸泡进行剥离，留下电极部分。

(5) 热电柱加工[见图 5-60(e)]：重复步骤(1)～(4)，但是使用不同的 Cr 掩

膜版,曝光时需要与上一步图形进行对准。沉积热电材料前先沉积一层 Cr 黏结层,然后经进行真空镀膜到所需厚度,黏结层和热电材料的沉积采用磁控溅射方式。

（6）支撑光刻胶加工[见图 5-60(f)]：填充的支撑光刻胶使用正性光刻胶,曝光前对准。

（7）顶电极沉积[见图 5-60(g)]：支撑光刻胶经处理后,直接旋涂光刻胶,曝光前对准。工艺条件与 Au 底电极加工工艺相同。

（8）顶电极剥离[见图 5-60(h)]：将样品在丙酮中浸泡去除顶电极外的其他部分,留下顶电极。

（9）去除支撑光刻胶[见图 5-60(i)]：使用氧等离子体去除支撑光刻胶。

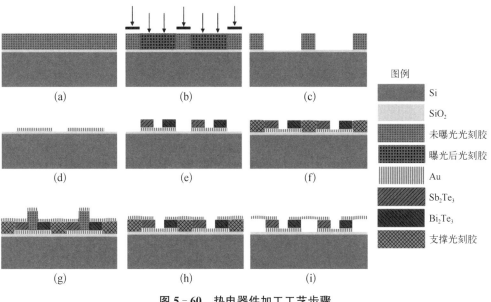

图 5-60　热电器件加工工艺步骤

（a）旋涂光刻胶；（b）紫外曝光；（c）显影；（d）Au 底电极沉积和剥离；（e）热电柱加工；
（f）支撑光刻胶加工；（g）顶电极沉积；（h）顶电极剥离；（i）去除支撑光刻胶

5.4.3　MEMS 芯片性能测试方法

本节采用非接触曝光法和光刻胶回流法相结合的复合加工方法加工制备超薄热电器件。将热电器件加工在直径为 76.2 mm(3 英寸)的单晶硅片上,硅片表面覆盖有 300 nm 厚的 SiO_2 绝缘层,硅片总厚度为 550 μm。绝缘层可避免热电器件的底电极因 Si 基底造成短路。利用复合加工方法在基片上可以加工出包含超过 46 000 对 P-N 热电对串联结构的超薄热电器件。为了测试方便,对热电器件发电性能的测试采用含有 127 个 P-N 热电对的热电器件。该器件的加工掩膜版包含 21 个器件的图形,每个器件含有 127 个 P-N 热电对。热电器件电学性能测试样品为包含 127 个 P-N 热电对的单个热电器件。首先用数字万用表直接测量热电器件的内阻,然后对热电器件的热电性能进行测量。热电器件热电性能实验测试装置原理图如图 5-61 所示。测试台的加热器部分由一个铜块和两个 100 W 的加热管组成。制冷部分由一个空心铜块和两个管接头组成,其中一个管接头用于冰水的流入,另一个管接头用于冰水的流出。在测试电路中,用可调电阻箱与热电器件并联作为负载。测试在不同加热温度和不同负载条件下热电器件的电学输出性能。电压数据的采集和记录采用数据采集器,电流数据的采集采用皮安表测量。

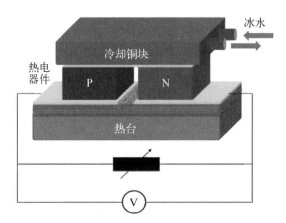

图 5-61　热电器件热电性能实验测试装置原理图

5.4.4　MEMS 芯片性能测试结果

图 5-62 所示为与水平面呈 60°角的热电器件的 SEM 图,从图 5-62(a)中可以看出,热电器件由 127 对热电对串联连接。图 5-62(b)则是热电器件的局部放大 SEM 图,展示了部分热电对的顶电极形貌,可以看出顶电极结构连接良好,证明了加工方法的适用性和可靠性。单个热电器件的实物图如图 5-63(a)所示,只有图中黑色方框中的部分为器件的有效部分,而方框外的其他部分对于器件的工作不起作用,仅用于加工过程中的测试使用,可以切除。器件有效部分中的两个正方形部分为器件的电极,用作器件电输出的接头。

经过数字万用表测量,每个热电器件的内阻约为 25 Ω。实际上,测量得到的电阻不仅仅是热电器件材料的总电阻,还包含不同材料之间的界面电阻。材料电阻包括 Au 顶电极和底电极电阻、Sb_2Te_3 和 Bi_2Te_3 热电柱电阻,以及基底和 Au 底电极之间的 Cr 黏结层、顶电极和热电柱之间的 Cr 黏结层等材料的电阻。界面电阻包含 Cr/Au、Cr/Sb_2Te_3、Cr/Bi_2Te_3 等不同材料界面电阻,界面电阻对整个器件

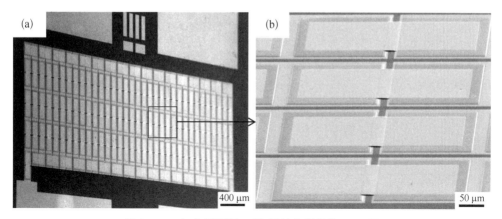

图 5 - 62 与水平面呈 60°角的热电器件的 SEM 图

(a) 127 对热电对的扫描电镜图；(b) 器件的局部放大 SEM 图

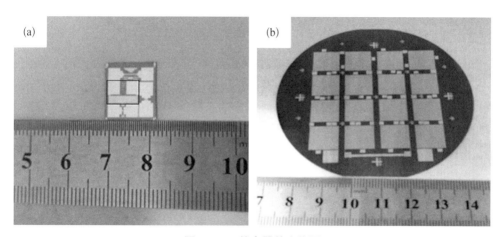

图 5 - 63 热电器件实物图

(a) 单个热电器件的实物图；(b) 含有超过 46 000 对 P-N 串联热电对的超薄热电器件

的内阻有着极大的影响。

当热电器件的内阻 r 与负载的阻值 R 相等时，热电器件的输出功率达到最大值。测试过程中，采用不同的 R 值。在等式 $P=\dfrac{R \cdot U^2}{(R+r)^2}$ 中，P 为不同温度下热电器件的输出功率，U 为热电器件的输出电压。另外，$U=n \cdot S \cdot \Delta T$，$n$ 为一个热电器件中热电对的个数，S 为 P 型、N 型热电材料赛贝克系数的绝对值之和，是一个与材料性质相关的常数。ΔT 是热电柱顶端和底端的温差，温差与输出电压呈线性关系。测试装置中冷端可利用铜块，并通过冰水降低热电器件表面的温度，增大温差，提高电压输出。

热电器件在不同负载下的输出电压和输出电流随温度的变化规律如图 5 - 64

(a)和图 5 - 64(b)所示。热电器件的输出电压和输出电流随温度的升高而增大。图 5 - 64(a)中所示的结果表明，在没有负载的情况下，在 150 ℃ 的热台温度下，热电器件的输出电压为 18.5 mV，输出电流为 671.9 μA。随着热台温度的升高，热电器件的输出电压和输出电流显著增加。输出电压的增加速率为 124 μV/℃，输出电流的增加速率为 4.318 μA/℃，并且都与温度的增加显示出良好的线性关系。

热电器件在不同温度下的 I - V 曲线如图 5 - 64(c)所示，结果表明在不同的热台温度下，热电器件的 I - V 曲线都基本为一条直线，这表明热电器件的内阻在不同实验温度下基本没有变化。

在不同热台温度下，热电器件的输出功率与负载之间的关系如图 5 - 64(d)所示。从图中可以看出，热台温度为 150 ℃ 时，随着负载电阻从 5 Ω 增大到 50 Ω，热

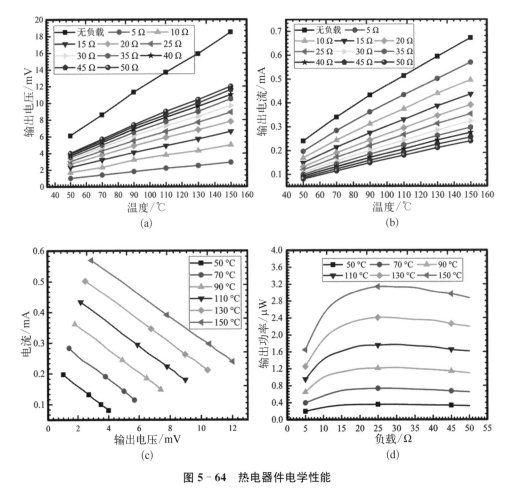

图 5 - 64　热电器件电学性能

(a) 不同负载条件下输出电压与温度的关系；(b) 不同负载条件下输出电流与温度的关系；
(c) 不同热台温度下热电器件的 I - V 曲线；(d) 不同热台温度下输出功率与负载的关系

电器件的输出功率先增加后降低。当负载电阻的值增加到 25 Ω 时，即负载电阻等于热电器件的内阻，热电器件的输出功率达到最大值，约为 3.14 μW。实验结果与在不同负载下的输出功率公式计算值吻合较好。根据热电转换效率的计算公式，热电器件两端的温差越大，器件的转换效率越高，即输出功率越大。实验中，热台的温度越高意味着热电器件两端的温差越大。另外，不同热台温度下热电器件均在负载电阻阻值约为 25 Ω 时，输出功率达到最大值，这也说明器件在不同热台温度下内阻变化不大，这与前面的测试结果一致。

超薄热电器件的有效工作面积约为 11 mm²，峰值输出功率为 3.14 μW。因此，器件的峰值输出功率面密度约为 0.29 W/m²。包含衬底厚度在内的热电器件的厚度不足 1 mm，热电器件的热电模块厚度仅约为 1 μm。热电模块的体输出功率（不含衬底）可达 2.9×10^5 W/m³。

为了评价亚微尺度超薄热电模块的热电转换性能，对热电器件进行了简单的热分析。在前述微观结构分析的基础上，根据扫描电镜图像对热电器件结构进行了几何简化。热电器件测试的简化传热模型如图 5-65 所示。为了得到进一步数值模拟的半定量表征，采用了一维传热模型。当系统达到稳定状态时，总的输入热流量为

$$Q_h = \frac{T_h - T_{down}}{R_{down}} \tag{5-42}$$

式中，T_h 为热台的加热温度，T_{down} 为热电器件中热电模块的热端温度，R_{down} 为热电器件和热台之间的界面热阻。

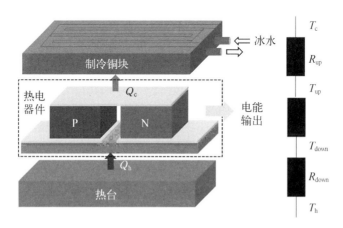

图 5-65 亚微米尺度热电模块的传热模型

在 P 型和 N 型半导体块体中，传热机理基于赛贝克效应、珀尔贴效应和汤姆逊效应，则：

$$Q_h = S \cdot T_{down} \cdot I + \kappa \cdot (T_{down} - T_{up}) - \frac{1}{2} \cdot I^2 \cdot r \tag{5-43}$$

$$Q_c = S \cdot T_{up} \cdot I + \kappa \cdot (T_{down} - T_{up}) - \frac{1}{2} \cdot I^2 \cdot r \tag{5-44}$$

式中，T_{down} 为热电器件中热电模块的热端温度，T_{up} 为热电器件中热电模块的冷端温度，I 为输出电流。

对于水冷系统，冷却系统与热电器件之间存在一个界面热阻 R_{up-c}，因此冷却系统的热流密度和热阻为

$$Q_{up-c} = \frac{T_{up} - T_c}{R_{up-c}} \tag{5-45}$$

$$R_{up-c} = \frac{\delta_p}{\kappa_p \cdot A_p} + R_1 \tag{5-46}$$

$$R_1 = \frac{1}{2h_p \cdot (d_w + d_h) \cdot l} \tag{5-47}$$

式中，T_c 是制冷块温度，δ_p 为铜冷却块的壁厚，A_p 为制冷铜块表面积，d_w 是制冷铜块中管道的宽度，d_h 是制冷铜块中管道的高度，l 为制冷铜块中管道的长度。冷端的热流量为

$$Q_1 = h \cdot A \cdot (T_c - T_\infty) \tag{5-48}$$

式中，T_∞ 为环境温度，h 为等效对流换热系数，则

$$h = \frac{\kappa_{water} \cdot Nu}{l} \tag{5-49}$$

$$Nu = 0.664 \cdot Re^{\frac{1}{2}} \cdot Pr^{\frac{1}{3}} \tag{5-50}$$

式中，κ_{water} 为冷水的热导率，Nu 是努塞尔特数，其与雷诺数 Re 和普朗特数 Pr 相关。

为了确定热电器件总的热流量和温度，采用迭代法假定边界条件温度为 T_{down}，T_{up}，T_{up-c} 和 T_c，得到热流量 Q_h，Q_c，Q_{up-c} 和 Q_1，然后根据能量守恒得到新的温度分布。最后，对连续迭代值进行调整，以满足一个预定义的误差。输出功率和电压的计算如下：

$$P = U \cdot I \tag{5-51}$$

$$U = S \cdot (T_{up} - T_{down}) - I \cdot r \tag{5-52}$$

计算结果如图 5-66 所示。从图中可以看出，仿真结果与实验结果趋势吻合较好，实验结果验证了模型的正确性。仿真结果表明，超薄热电模块的输出电压随温差的增大而增大。然而，利用分析模型发现，接触热阻对输出电压和输出功率有

重要的影响。事实上,Au 顶电极与热端的 P/N 热电块的界面都较粗糙,造成了相当大的接触热阻。此外,热电块与冷却系统之间也存在界面热阻。这些热阻显著降低了热电模块的温差,对热电转换具有重要影响。因此,通过优化界面热阻,可以显著提高热电器件的输出电压和输出功率。

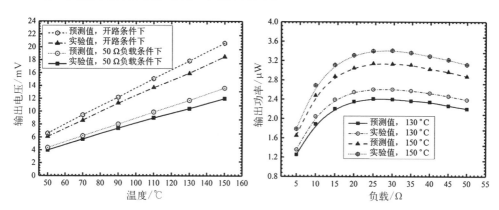

图 5‑66　输出电压和输出功率的实验结果与解析模型结果比较

5.5　基于 MEMS 热电器件的辐射制冷发电

目前,红外辐射制冷作为一种无需能源消耗的被动制冷方式已经在建筑物制冷、太阳能电池冷却等方面得到了广泛的研究和应用。同时,具有全天候辐射制冷能力的材料的制备技术已向规模化、简易化方向发展,给更大范围地应用辐射制冷技术提供了更大可行性。辐射制冷技术可以将物体的温度降低到周围环境温度以下,因此,研究将辐射体作为热电器件的冷端的可能性,改变了一直以来研究的重点在增加热电器件热端温度的传统。本节探讨如何通过 24 小时的辐射制冷来实现热电器件 24 小时的热电转换工作。研究中首先制备了具有辐射制冷能力的辐射体,然后对辐射体的辐射结构及制冷性能进行测试表征,之后将辐射体与热电器件组合,实现热电器件全天候工作,并对热电器件的全天候电压输出性能进行验证和表征。

5.5.1　辐射制冷理论

为了探讨辐射体的辐射制冷性能,本节研究采用了一种通用的热模拟模型。采用该模型,需要进行如下条件假设:

(1) 辐射制冷的过程是一个稳态过程;

(2) 辐射体表面温度均匀;

(3) 辐射体的光谱特性与角度无关,事实上辐射体的辐射特性与辐射角度有一定的关系，但是从应用研究的角度及本节的研究目的来说，为了便于计算，可将其相关性忽略；

(4) 环境与辐射制冷系统的热交换通过一个复合换热系数进行表征。

当辐射体置于晴朗的天空下时，辐射体通过大气窗口向外太空辐射的功率记为 P_r，辐射体受到的太阳辐射记为 P_s，大气辐射记为 P_a，其他非辐射能量交换（热对流和热传导）记为 P_{nr}，则辐射制冷产生的净辐射制冷功率 P_c 为

$$P_c = P_r - P_s - P_a - P_{nr} \qquad (5-53)$$

辐射体的辐射功率的计算公式为

$$P_r = A \int_0^{2\pi} d\Omega \cos\theta \int_8^{13} E_b(\lambda, T_r) \varepsilon_r(\lambda, \theta) d\lambda \qquad (5-54)$$

其中，A 为辐射体的表面积（m^2）；λ 为辐射电磁波波长（m）；T_r 为辐射体的绝对温度（K）；$E_b(\lambda, T_r)$ 为由普朗克定律定义的辐射体温度下的光谱辐射强度；$\varepsilon_r(\lambda, \theta)$ 为辐射体的辐射率；$d\Omega$ 为微圆立体角，$d\Omega = \sin\theta d\theta d\varphi$。

大气辐射功率为

$$P_a = A \int_0^{2\pi} d\Omega \cos\theta \int_8^{13} E_b(\lambda, T_a) \varepsilon_a(\lambda, \theta) \varepsilon_r(\lambda, \theta) d\lambda \qquad (5-55)$$

其中，A 为辐射体的表面积（m^2）；λ 为辐射电磁波波长（m）；T_a 为大气的绝对温度（K）；$E_b(\lambda, T_a)$ 为由普朗克定律定义的大气温度下的光谱辐射强度；$\varepsilon_r(\lambda, \theta)$ 为辐射体的辐射率；$\varepsilon_a(\lambda, \theta)$ 为大气的辐射率；$d\Omega$ 为微圆立体角，$d\Omega = \sin\theta d\theta d\varphi$。

太阳辐射功率为

$$P_s = A \int_8^{13} \varepsilon(\lambda, \theta_s) E_{AM1.5}(\lambda) d\lambda \qquad (5-56)$$

其中，A 为辐射体的表面积（m^2）；$\varepsilon(\lambda, \theta_s)$ 为辐射体与太阳光入射角 θ_s 相关的辐射体的发射率，θ_s 为辐射体法线方向与太阳入射线之间的夹角；$E_{AM1.5}$ 为白天阳光光照强度。

根据基尔霍夫定律，大气发射率为

$$\varepsilon_a(\lambda, \theta) = 1 - t(\lambda, 0)^{1/\cos\theta} \qquad (5-57)$$

其中，$t(\lambda, 0)$ 为天顶方向的大气透过率[153]，又有

$$E_b(\lambda, T) = \frac{2hc^2}{\lambda^5} \cdot \frac{1}{e^{hc/\lambda k_B T} - 1} \qquad (5-58)$$

其中，h 为普朗克常数，$6.626\,070\,15 \times 10^{-34}$ Js；c 为真空中的光速，$299\,792\,458$ m/s；k_B 为玻尔兹曼常数，$1.380\,649 \times 10^{-23}$ J/K；T 为绝对温度，单位为 K；λ 为波长，单

位为 m。

非辐射能量交换主要来自辐射体与大气的热对流和热传导,非辐射能量交换功率可表示为

$$P_{nr} = Ah_c(T_a - T_r) \tag{5-59}$$

其中,A 为辐射体的表面积(m^2);h_c 为复合换热系数,数值上等于热对流系数和热传导系数的和[$W/(m^2 \cdot K)$]。气候条件对复合换热系数 h_c 有很大的影响,尤其是风速,风速越大,复合换热系数就相对越高。如果有一个能够透过 $8\sim13\ \mu m$ 电磁波的风挡,将这个风挡覆盖到辐射体的上面,就能有效降低大气与辐射体之间热对流和热传导,甚至可以忽略掉热对流和热传导对辐射制冷效果的影响。

5.5.2 辐射体加工原理及方法

1) 电子束蒸发原理与电子束蒸发系统

电子束蒸发是物理气相沉积方法中的一种,即在真空条件下,利用电子束轰击蒸发材料,电子束与蒸发材料相互作用产生的热使蒸发材料熔化并达到沸点后蒸发,并在基片上沉积成膜。电子束蒸发原理示意图如图 5-67 所示。利用高电压加热阴极的钨丝灯丝,使其产生电子,加速阳极将电子拉出并加速,通过偏转磁场使电子束偏转 $270°$,并引导电子束轰击坩埚中的蒸发材料。轰击产生的热效应使蒸发材料熔化蒸发或者升华形成蒸气,蒸气遇到衬底并在衬底上沉积成膜。其中,坩埚受冷却系统保护,从而避免与蒸发材料一起熔化蒸发,以造成对薄膜的污染[154-157]。

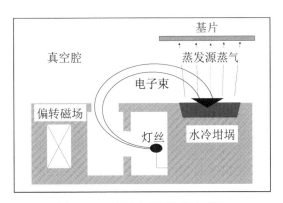

图 5-67　电子束蒸发原理示意图

电子束蒸发系统主要包含真空系统、电子枪系统、电源系统、冷却系统、膜厚控制系统、挡板、电脑控制系统等。真空系统主要包含机械泵、分子泵、真空腔以及各种真空阀门。真空系统主要为电子束蒸发系统提供工作环境,保证系统安全高效运行。电子枪系统主要包括 e 型电子枪以及磁场控制系统等,可产生电子束并控

制电子束运动。电源系统主要指电子枪电源,也包含为各个系统提供电力的电源。冷却系统主要为坩埚制冷,保证坩埚安全,同时也为腔体制冷。膜厚控制系统主要是通过膜厚仪控制镀膜程序,保证蒸发速率在设定范围内。挡板主要有样品挡板和电子枪挡板。样品挡板主要是为了保证能够准确控制镀膜起止时间,而电子枪挡板主要保护蒸发源不受污染[158]。电脑控制系统是整个镀膜系统的操作控制系统,可通过电脑上的操作面板对真空系统、电源系统及镀膜工艺过程进行控制。

2) 等离子增强化学气相沉积(PECVD)原理与 PECVD 系统

PECVD 是化学气相沉积(CVD)镀膜方式中的一种,是以等离子体作为气体反应的能量来源,使气态反应物在衬底表面电离并发生化学反应,生成目标反应产物并在衬底上沉积,其工作原理如图 5 - 68 所示[159]。反应气体分子进入反应腔,在等离子场中与高能电子发生碰撞、电离、分解,形成的活性很高的化学基团作为次生反应物在衬底表面发生化学反应从而生成目标薄膜。反应过程中产生的副产物被真空泵抽出反应腔。由于等离子体能够提供化学气相沉积过程中所需的激活能,因此,PECVD 与普通 CVD 相比,仅需要较低的衬底温度。原本需要在高温条件下进行的 CVD 反应,利用 PECVD 方法在低温条件下就能实现[160]。

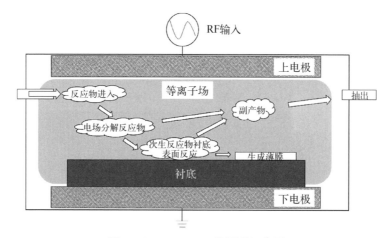

图 5 - 68 PECVD 工作原理示意图

PECVD 系统主要包含真空系统、特殊气体控制系统、反应系统、冷却系统、样品传输系统、电源系统及工艺程序控制系统等。真空系统主要由机械泵和分子泵组成,为化学反应提供反应环境及抽出反应副产物。特殊气体控制系统主要是根据需要,为反应腔提供反应气体及控制气体流量。反应系统主要包括反应腔内的电极等,可通过射频电场产生等离子体场。冷却系统主要作用是为电极制冷,保持衬底温度稳定,并防止电极温度过高而受到损坏。样品传输系统可控制样品进出反应腔。电源系统主要为整个设备及射频电源提供动力。工艺程序控制系统通过电脑操作面板来设置并控制工艺流程和过程。

3）辐射体加工

辐射体衬底采用一个直径为 76.2 mm，表面生长有 500 nm 厚 SiO₂ 薄膜，厚度为 550 μm 的单晶硅片。首先使用电子束蒸发系统在衬底上沉积 200 nm 厚的 Ag 层，沉积速率为 3 Å/s。为了增加 Ag 层与衬底 SiO₂ 之间的结合强度，在沉积 Ag 层前先沉积一层 20 nm 厚的 Cr 黏结层，沉积速率为 2 Å/s。然后使用等离子化学气相沉积系统交替沉积 110 nm 厚的 SiO₂ 薄膜和 40 nm 厚的 Si₃N₄ 薄膜，沉积温度为 300 ℃，沉积速率分别为 14.5 Å/s 和 6.1 Å/s。一层 SiO₂ 薄膜和一层 Si₃N₄ 薄膜称为一个结构周期，分别沉积 4 个周期、8 个周期、12 个周期、16 个周期和 20 个周期[161-164]。

5.5.3　辐射体的结构与性能表征方法

辐射体的结构和性能表征主要是利用 SEM 观测辐射体的周期性结构和利用积分球表征方法测量辐射体的光谱特性，主要是测量辐射体的中红外和远红外透射光谱和反射光谱。测量的红外光谱波长范围为 2～15 μm。最后选择辐射率最高的辐射体周期结构，对辐射体的辐射制冷性能进行测试。辐射体的辐射制冷性能测试结构如图 5-70(a)所示。Al 箔的作用是作为阳光反射层，避免白天阳光照射对整个测试系统的影响。聚乙烯（PE）薄膜作为风挡膜，可避免辐射体与环境进行对流换热，减少外界影响[165]。同时 PE 薄膜对 8～13 μm 波段的电磁波具有很高的透过性，其透射率曲线如图 5-69 所示。聚苯乙烯泡沫板（EPS 板）作为热绝

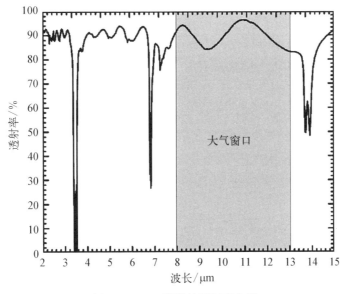

图 5-69　PE 薄膜的透射率曲线

缘层,可避免系统内部与外界进行热交换。热电偶(K 型)用来测定辐射体温度。所有实验数据利用数据采集器进行采集记录。

5.5.4 辐射制冷发电系统的建立与测试方法

辐射制冷发电系统如图 5-70(b)所示,使用导热胶将热电器件与辐射率最大的辐射体基体进行键合,用热电偶(K 型)测量热电器件冷端的温度,用数字电压表测量热电器件的电压输出。所有实验数据利用数据采集器进行采集记录。

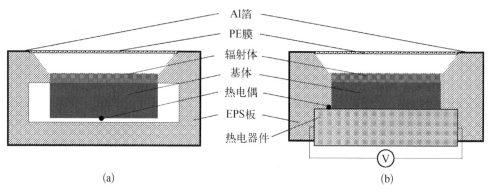

Al箔
PE膜
辐射体
基体
热电偶
EPS板
热电器件

(a)   (b)

图 5-70   辐射体辐射制冷及发电性能测试装置示意图

(a) 辐射体辐射制冷能力测试结构;(b) 辐射制冷发电系统

5.5.5 辐射体结构与性能表征测试结果

1) 热辐射体

如图 5-71(a)所示为在 76.2 mm 硅基底上加工的辐射体的实物图,在 Si 基底上依次沉积 20 nm 的 Cr、200 nm 的 Ag 和 20 个周期的 SiO_2/Si_3N_4 周期交替层,单个周期厚度为 110 nm/40 nm。如图 5-71(b)所示为辐射体的扫描电镜图像和截面示意图。选择 SiO_2 和 Si_3N_4 作为辐射体材料主要是因为这两种材料由于声子的极化共振使它们的红外吸收峰都位于大气窗口范围内。红外辐射的产生主要是由于 SiO_2 和 Si_3N_4 的分子极化激发。选择的 Si_3N_4 厚度较小,主要是为了降低大气窗口外的热辐射的损失[166]。另外,SiO_2 和 Si_3N_4 都是非常常见又便宜的材料,有利于节省制造成本。Ag 层作为反射层主要是为了增强无共振的电磁波的反射[167],比如太阳光的反射,以提高辐射体在白天的红外辐射能力。Ag 层还能作为隔离层避免基底对红外辐射体辐射性能的不利影响,同时避免红外辐射透过辐射体的基体。同时,SiO_2 和 Si_3N_4 的组合效应以及不同材料层之间的界面干涉效应,能够增强辐射体在大气窗口内的红外辐射性能[160]。

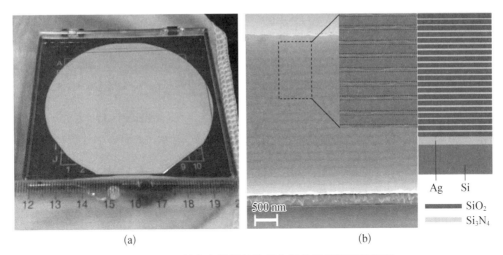

图 5-71　Si 基底上的辐射体实物照片及其截面结构图

(a) 76.2 mm 硅基体上的多层结构辐射体实物图；(b) 辐射体截面结构图

　　红外辐射体的反射率 $R(\theta, \lambda)$ 和透射率 $T(\theta, \lambda)$ 可以利用傅里叶红外光谱仪直接测量得到。因此，红外辐射体的吸收率可以利用公式得到：

$$A(\theta, \lambda) = 1 - R(\theta, \lambda) - T(\theta, \lambda) \qquad (5-60)$$

根据基尔霍夫定律，红外辐射体的辐射率等于其吸收率。因此，SiO_2/Si_3N_4 交替层周期结构红外辐射体在 $2 \sim 15\ \mu m$ 波段范围内的光谱吸收谱线如图 5-72 所示。图 5-72 中，无符号曲线为大气窗口曲线，其他五条不同符号的曲线为含不同 SiO_2/Si_3N_4 交替层周期数的辐射体辐射率谱线。图中的辅助图为辐射体在不同 SiO_2/Si_3N_4 周期数下，在 $8 \sim 13\ \mu m$ 红外波段内的平均辐射率。从图中可以看出，在 $8 \sim 13\ \mu m$ 红外波段内，辐射体的平均发射率随着 SiO_2/Si_3N_4 交替层周期数的增加而增大。当 SiO_2/Si_3N_4 交替层周期数增加到 12 时，辐射体的平均辐射率从 20.4% 增加到最大值 80.8%，之后略有降低后基本保持稳定。这是因为交替层的存在增加了界面的数量，导致界面效应增强，从而增加了电磁波在辐射体吸收层中的总光程，导致辐射体辐射率的升高[168]。因此，可以通过优化 SiO_2/Si_3N_4 交替层的厚度来增强辐射体的辐射率。通过比较图中的大气窗口曲线和辐射体辐射率曲线可以看出，除了 $8 \sim 13\ \mu m$ 这个主要的大气窗口之外，辐射体在另外两个较窄的窗口内也具有一定的辐射能力。由于这两个窗口很窄，在计算时可以忽略。观察辐射体在 $8 \sim 13\ \mu m$ 波段内的辐射率随 SiO_2/Si_3N_4 交替层周期数的变化，当周期数增加到 12 时，辐射体的辐射率曲线平均高度已经高于大气窗口的透过率。而且在波长大于 $13\ \mu m$ 的区域辐射体仍然具有一定的辐射能力，这表明辐射体对大气窗口并没有非常严格的选择性。但辐射体在大气窗口的强辐射率保证了其仍然具有一定的辐射制冷能力。

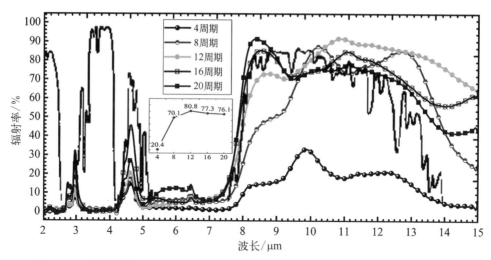

图 5-72 不同周期 SiO_2/Si_3N_4 结构的辐射体在 2~15 μm 波段范围内的辐射率曲线

我们在计算辐射体的净冷却功率 P_c 时粗略估计大气的总发射率 $\varepsilon_a(\lambda, \theta)$，同时忽略入射角 θ 对辐射率的影响，简单地认为太阳平均辐射功率约为 1 000 W/m²。根据我们的实验结果，辐射体在 8~13 μm 波段内的辐射率为 0.808。结合实验结果，得到在特定环境条件下辐射体的净冷却功率以及净冷却功率与辐射体温度之间的关系，如图 5-73 左图所示；以及在 298.15 K 的环境温度下，太阳辐射对辐射体净冷却功率的影响如图 5-73 右图所示。图 5-73 左图通过假定辐射体与环境之间进行不同程度的换热，即辐射体与环境之间的换热系数不同，揭示了辐射体的冷却性能。图中正方块符号曲线代表辐射率为 100% 的理想辐射体在 8~13 μm 波段内的冷却性能。实心圆符号曲线代表只考虑辐射体在大气窗口内的热辐射而不考虑与外界进行热交换的情况下辐射体的冷却性能。其他曲线则反映了在不同换热系数下辐射体的冷却性能。从这些曲线中可以看出，由于非辐射换热的存在，辐射体的净辐射制冷性能被削弱。换热系数越大，辐射体与环境的温差越小，辐射体净辐射制冷功率越低。因此，如何降低辐射体与环境之间的换热系数是研究辐射制冷技术的一个重要方面[169]。图 5-73 右图展示了白天辐射体吸收了 2% 太阳辐射后在不同换热系数条件下其净辐射制冷性能与不同辐射体温度之间的关系。辐射体吸收的太阳辐射可以减小辐射体与环境之间的温差，因此辐射体吸收太阳辐射会造成辐射体制冷性能下降。

图 5-74 左图展示了辐射体的制冷能力。图中，实线表示环境温度，虚线表示辐射体温度。从图中可以看出，夜间的降温幅度大于白天，最高达 4 ℃。因为白天存在一些复杂的环境条件，如风、太阳辐射等，影响辐射体的制冷能力，特别是太阳辐射，对辐射体的制冷能力影响最大。

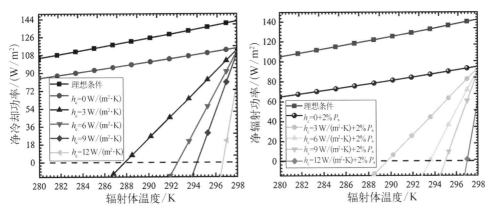

图 5 - 73　辐射体的净冷却功率和辐射体温度的关系变化

2）基于辐射制冷的热电发电

图 5 - 74 右图展示了实验测得的辐射制冷发电系统的输出电压、环境温度、辐射体温度及温差的变化。图中灰色的线表示热电器件的输出电压，虚线表示辐射体的温度。从测量结果上看，热电器件在夜间的输出电压高于白天，夜间最大输出电压可达 0.5 mV 左右。在白天，尽管辐射制冷能力较低，但是热电器件仍有电压输出。这表明在热电器件两端仍有极小的温差存在，只不过该温差在我们的测量精度范围之外而无法被直接测量，因此，实验结果上白天的温差很难分辨出来。总之，利用辐射制冷和热电器件，能够实现 24 h 持续电压输出。

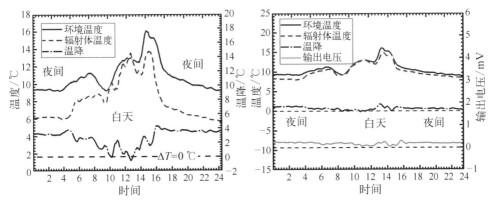

图 5 - 74　实验测量的辐射体温度、环境温度和温降（左）和实验测量的
输出电压、环境温度、辐射体温度和温差（右）

为了研究辐射制冷热电发电系统的工作过程，根据实验装置，对该过程进行简单的热分析。假定在热电器件表面沿平面方向不存在温度变化，环境温度稳定为 298.15 K，实验装置除了辐射体与环境之间进行垂直于平面方向的热辐射、热传导和热对流之外为绝热状态。同时,材料在温度变化过程中性能稳定。另外,将热辐射体和热电器件看作一个无间隙的整体。辐射制冷热电发电系统能量传输模型示意图如图 5 - 75 左图所示。当系统处于热稳定状态时,根据能量守恒建立一个简单的一维稳态热平衡方程。通过求解能量守恒方程可以得到输出电压和辐射体温度之间的依赖关系。由于辐射制冷受复杂的环境条件影响较大,很难进行准确的定量分析。因此,本研究仅用能量守恒方程对辐射制冷发电系统的输出电压和辐射体温度之间的关系进行定性分析。能量守恒方程可表示为

$$P_c(T) + \frac{P_e}{A} = h_t(T_a - T_h) \qquad (5-61)$$

式中,h_t 为复合换热系数,其值等于热电器件表面与空气之间的热对流系数和热传导系数之和;T_h 为热电器件的热端温度;$P_c(T)$ 为辐射体的辐射制冷功率;P_e 为热电器件的电输出功率,对于无负载的电路,P_e 可以表示为

$$P_e = \frac{U^2}{r} \qquad (5-62)$$

式中,r 为热电器件的内阻,U 为热电器件的输出电压,$U = n \cdot S \cdot (T_h - T)$,其中,$n$ 为热电器件中串联的热电对个数,S 为热电对热电材料的赛贝克系数的绝对值之和。通过求解方程,辐射制冷热电发电系统输出电压与热辐射体温度的关系如图 5 - 75 右图所示。从图中可以看到,辐射制冷热电发电系统中的辐射体温度越低,系统的热电器件输出电压越高。在相同的辐射体温度下,热电器件表面与环境之间的复合换热系数越大,意味着空气能够与热电器件进行更多的热量传递,则系统输出的电压越高。对于相同的输出电压和具有一定制冷能力的辐射体,复合换热系数越大,辐射体温度越高。这意味着当复合换热系数较大时,辐射体与周围环境之间的温差减小。结果证明当热电器件热端与环境有大的换热系数时,热电器件可以输出更高的电压。另一方面,在一定的辐射体温度下,较大的换热系数意味着更多的热输入,则有更多的热量转化为电能[170]。在这一传热模型中,复合换热系数 h_t 不仅与系统中热电器件表面与环境的热对流系数有关,而且还与系统中热电器件的导热系数有关,尤其是与热电材料的导热系数有关。因此,热电器件中热电材料的性能是影响辐射制冷热电发电系统电压输出的一个重要因素,这与热电转换效率方程的结果一致。

5.5.6　展望

基于辐射制冷的热电发电系统仍存在一些问题,这些问题需要在未来进一步研究探讨。

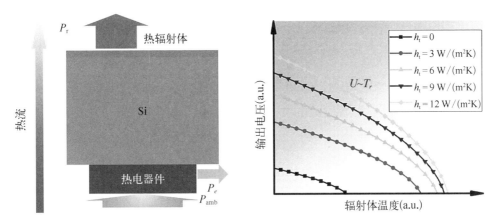

图 5‑75 辐射制冷热电发电系统能量传输模型示意图(左)以及辐射
制冷热电发电系统输出电压与热辐射体温度的关系(右)

（1）热电材料的热电转换效率仍然是制约着热电器件应用的主要因素，开发出高性能的热电材料仍是目前努力的方向之一。

（2）研究出具有严格光谱选择性的辐射体，减少太阳辐射对其辐射性能的影响也是需要研究的重点方向之一。

（3）热电器件与辐射体的集成也是未来研究的重点之一。

应注意到的是，基于辐射制冷的热电发电系统无需额外能源消耗，就能将环境中的热能或太阳能直接转换为电能。从能源应用开发的角度来看，本章提到的能源应用方式因其特有的优点会吸引更多的研究者对其进行研究，该应用方式也有可能成为将来人们生产生活能源的重要来源之一。如果该方案能够实现实际应用，将会成为一种改变人类能源应用方式的新方法，为缓解能源危机提供一种行之有效的解决方法。也许借助本方法可促使当前的发电方式从主要的、污染环境的"化石燃料发电时代"逐步代入到绿色的、可持续的、免费的"全天候芯片发电时代"。

参 考 文 献

［1］王浩.MEMS 陀螺仪传感器专用 ASIC 简介及设计［J］.中国集成电路,2019,28(06)：44‑50.

［2］许建华.基于微型传感器的地震加速度监测系统技术研究［D］.北京：中国地震局地球物理研究所,2006.

［3］Petersen K E. Silicon as a mechanical material［J］.Proceedings of the IEEE,1982,70(5)：420‑457.

［4］Fujita H. Microactuators and micromachines［J］.Proceedings of the IEEE,1998,86(8)：1721‑1732.

［5］周兆英,叶雄英,胡敏等,微型机电系统的进展［J］.仪器仪表学报,1996(S1)：20‑25,30.

［6］ 高世桥,曲大成.微机电系统（MEMS）技术的研究与应用［J］.科技导报,2004,22（04）：17－21.

［7］ Gad-El-Hak M. The fluid mechanics of microdevices—The freeman scholar lecture［J］. Asme Journal of Fluids Engineering,1999,121（1）：5－33.

［8］ 张威,张大成,王阳元.MEMS概况及发展趋势［J］.微纳电子技术,2002,39（1）：22－27.

［9］ 张贵钦.微机电系统（MEMS）研究现状及展望［J］.组合机床与自动化加工技术,2002（7）：1－3.

［10］ 姜利英,姚斐斐,任景英,等.纳米材料在生物传感器中的应用［J］.传感器与微系统,2009（05）：4－7.

［11］ Schupp T,Rossbach G,Schley P,et al. MBE growth of cubic AlN on 3C－SiC substrate［J］. Physica Status Solidi,2010,207（6）：1365－1368.

［12］ Lazarus N,Meyer C D,Bedair S S,et al. Thick film oxidation of copper in an electroplated MEMS process［J］. Journal of Micromechanics and Microengineering, 2013, 23（6）：65017.

［13］ Zheng Z H,Fan P,Chen T B,et al. Optimization in fabricating bismuth telluride thin films by ion beam sputtering deposition［J］. Thin Solid Films, 2012, 520（16）：5245－5248.

［14］ Smith G L,Pulskamp J S,Sanchez L M,et al. PZT－based piezoelectric MEMS technology［J］. Journal of the American Ceramic Society, 2012, 95（6）：1777－1792.

［15］ Zhao X,Li B,Wen D. Fabrication technology and characteristics of a magnetic sensitive transistor with nc-Si：H/c-Si heterojunction［J］. Sensors, 2017, 17（1）：212.

［16］ Paik J A,Fan S K,Chang H,et al. Development of spin coated mesoporous oxide films for MEMS structures［J］. Journal of Electroceramics, 2004, 13（1－3）：423－428.

［17］ Wang H,Xie Z,Yang W,et al. Fabrication of SiCN MEMS by UV lithography of polysilazane［J］. Key Engineering Materials, 2007, 336－338（Pt2）：1477－1480.

［18］ Dennis J O,Ahmad F,Khir M,et al. Post micromachining of MPW based CMOS－MEMS comb resonator and its mechanical and thermal characterization［J］. Microsystem Technologies, 2015, 22（12）：2909－2919.

［19］ Cetintepe C,Topalli E S,Demir S,et al. A fabrication process based on structural layer formation using Au-Au thermocompression bonding for RF MEMS capacitive switches and their performance［J］. International Journal of Microwave and Wireless Technologies, 2014, 6（5）：473－480.

［20］ Arai S,Wilson S A,Corbett J,et al. Ultra-precision grinding of PZT ceramics—Surface integrity control and tooling design［J］. International Journal of Machine Tools and Manufacture, 2009, 49（12－13）：998－1007.

［21］ Zhong Z W,Wang Z F,Tan Y H. Chemical mechanical polishing of polymeric materials for MEMS applications［J］. Microelectronics Journal, 2006, 37（4）：295－301.

［22］ Piekarski B,Dubey M,Zakar E,et al. Sol-Gel PZT for MEMS applications［J］. Integrated Ferroelectrics, 2002, 42（1）：25－37.

［23］ Wang H,Tang J,Li G,et al. A study on utilizing a chloride bath to electroform MEMS devices with high aspect ratio structures［J］. Journal of Micromechanics and Microengineering, 2010, 20（11）：115024.

［24］Knieling T，Lang W，Benecke W. Gas phase hydrophobisation of MEMS silicon structures with self-assembling monolayers for avoiding in-use sticking［J］. Sensors and Actuators B Chemical，2007，126(1)：13 - 17.

［25］Ashurst W R，Yau C，Carraro C，et al. Dichlorodimethylsilane as an anti-stiction monolayer for MEMS：A comparison to the octadecyltrichlosilane self-assembled monolayer［J］. Journal of Microelectromechanical Systems，2001，10(1)：41 - 49.

［26］Lou J，Shrotriya P，Buchheit T，et al. A nano-indentation study on the plasticity length scale effects in LIGA Ni MEMS structures［J］. Journal of Materials Science，2003，38(20)：4137 - 4143.

［27］Dentinger M，Clift W M，Goods S H. Removal of SU - 8 photoresist for thick film applications［J］. Microelectronic Engineering，2002，61(7)：993 - 1000.

［28］Luo X，Kai C，Webb D，et al. Design of ultraprecision machine tools with applications to manufacture of miniature and micro components［J］. Journal of Materials Processing Tech，2005，167(2 - 3)：515 - 528.

［29］Shi Y B，Sun Y，Liu J，et al. UV nanosecond laser machining and characterization for SiC MEMS sensor application［J］. Sensors and Actuators A Physical，2018，276：196 - 204.

［30］Strong F W，Skinner J L，Tien N C. Electrical discharge across micrometer-scale gaps for planar MEMS structures in air at atmospheric pressure［J］. Journal of Micromechanics and Microengineering，2008，18(7)：75025.

［31］Kok S L，Othman A R，Shaaban A. Screen-printed ceramic based MEMS piezoelectric cantilever for harvesting energy［J］. Advances in Science and Technology，2014，90：84 - 92.

［32］Jackman R J，Brittain S T，Whitesides G M. Fabrication of three-dimensional microstructures by electrochemically welding structures formed by microcontact printing on planar and curved substrates［J］. Journal of Microelectromechanical Systems，1998，7(2)：261 - 266.

［33］Shklovsky J，Engel L，Sverdlov Y，et al. Nano-imprinting lithography of P(VDF - TrFE - CFE)for flexible freestanding MEMS devices［J］. Microelectronic Engineering，2012，100：41 - 46.

［34］Sun X Q，Masuzawa T，Fujino M. Micro ultrasonic machining and its applications in MEMS［J］. Sensors and Actuators A，1996，57(2)：159 - 164.

［35］Feynman R. There's plenty of room at the bottom［J］. Journal of Microelectromechanical Systems，1992，1(1)：60 - 66.

［36］Becker E W，Ehrfeld W，Hagmann P，et al. Fabrication of microstructures with high aspect ratios and great structural heights by synchrotron radiation lithography，galvanoforming，and plastic moulding(LIGA process)［J］. Microelectronic Engineering，1986，4(1)：35 - 56.

［37］Fan L S，Tai Y C，Muller R S. IC-processed electrostatic micro-motors［C］. San Francisco：IEEE，International Electron Devices Meeting，1988.

［38］叶一舟.高性能硅基 MEMS 热式风速传感器的研究［D］.南京：东南大学，2018.

［39］赵淳生,陈启东.微型机械的特点、研究现状和应用［J］.振动.测试与诊断,1998,1：8 - 15.

［40］王亚珍,朱文坚.微机电系统（MEMS）技术及发展趋势.机械设计与研究,2004,21(10)：10 - 12.

[41] Gooray A, Roller G, Galambos P, et al. Design of a MEMS ejector for printing applications [J]. Journal of Imaging Science and Technology, 2002, 46(5): 415 - 421.

[42] Hornbeck L J. Digital light processing and MEMS: Timely convergence for a bright future [C]. San Diego: Proc Spie, 1995, 2783: 2 - 13.

[43] Pang C, Yu M, Zhang X M, et al. Multifunctional optical MEMS sensor platform with heterogeneous fiber optic Fabry-Pérot sensors for wireless sensor networks[J]. Sensors and Actuators A Physical, 2012, 188: 471 - 480.

[44] Whitesides G M. The origins and the future of microfluidics[J]. Nature, 2006, 442(7101): 368 - 373.

[45] Manz A, Graber N, Widmer H M. Miniaturized total chemical analysis systems: A novel concept for chemical sensing[J]. Sensors and Actuators B: Chemical, 1990, 1(1 - 6): 244 - 248.

[46] Manz A, Harrison D J, Verpoorte E, et al. Planar chips technology for miniaturization and integration of separation techniques into monitoring systems-capillary electrophoresis on a chip[J]. Journal of Chromatography A, 1992, 593(1 - 2): 253 - 258.

[47] Hansen C L, Skordalakes E, Berger J M, et al. A robust and scalable microfluidic metering method that allows protein crystal growth by free interface diffusion[J]. Proceedings of the National Academy of Sciences, 2002, 99(26): 16531 - 16536.

[48] Shim J U, Cristobal G, Link D R, et al. Using microfluidics to decouple nucleation and growth of protein crystals [J]. Crystal Growth and Design, 2007, 7(11): 2192 - 2194.

[49] Ni X Q, Wang M, Chen X X, et al. An optical fibre MEMS pressure sensor using dual-wavelength interrogation[J]. Measurement Science and Technology, 2006, 17(9): 2401.

[50] Zhong Z W, Lim S C, Asundi A. Effects of thermally induced optical fiber shifts in V-groove arrays for optical MEMS[J]. Microelectronics Journal, 2005, 36(2): 109 - 113.

[51] Mehadi H Z, Ants K. Design and optimization of AlN based RF MEMS switches[J]. Iop Conference, 2018, 362: 12002.

[52] Gong S, Shen H, Barker N S. A 60 GHz 2 bit switched-line phase shifter using SP4T RF - MEMS Switches[J]. IEEE Transactions on Microwave Theory and Techniques, 2011, 59(4): 894 - 900.

[53] Tsao S L, Cheng W M, Lu C J. Considerations of optical microlens-array design for nano - MEMS-based optical switch arrays[J]. IEEE Transactions on Microwave Theory and Techniques, 2011, 59(4): 894 - 900.

[54] Xiang Y, Jiang L, Yu Z, et al. A thermal ink-jet printer head prototype with full carbon based microbubble generator[J]. Journal of Microelectromechanical Systems, 2017, 26(5): 1040 - 1046.

[55] Yang J, Chai J, Lu Y. Dynamics simulation of MEMS device embedded hard disk drive systems[J]. Microsystem Technologies, 2004, 10(2): 115 - 120.

[56] Douglass M. DMD reliability: A MEMS success story[J]. Spie, 2003, 4980: 1 - 11.

[57] Mckendry R, Zhang J, Arntz Y, et al. Multiple label-free biodetection and quantitative DNA - binding assays on a nanomechanical cantilever array[J]. Proceedings of the National

Academy of Sciences, 2002, 99(15): 9783 - 9788.

[58] Fritz J, Baller K M, Rothuizen H, et al. Translating biomolecular recognition into nanomechanics[J]. Science, 2000, 288(5464): 316 - 318.

[59] Battiston F M, Ramseyer J, Lang H, et al. A chemical sensor based on a microfabricated cantilever array with simultaneous resonance-frequency and bending readout[J]. Sensors and Actuators B Chemical, 2001, 77(1 - 2): 122 - 131.

[60] Liu H, Chen S, Shan D, et al. Bionic ommatidia based on microlens array[J]. Optical Engineering, 2009, 48(6): 635 - 644.

[61] Yamaguchi M, Deguchi M, Wakasugi J. Flat-chip microanalytical enzyme sensor for salivary amylase activity. [J]. Biomedical Microdevices, 2005, 7(4): 295 - 300.

[62] Kogure H, Kawasaki S, Nakajima K, et al. Development of a novel microbial sensor with baker's yeast cells for monitoring temperature control during cold food chain[J]. Journal of Food Protection, 2005, 68(1): 182.

[63] Xing J Z, Zhu L, Gabos S, et al. Microelectronic cell sensor assay for detection of cytotoxicity and prediction of acute toxicity[J]. Toxicology in Vitro, 2017, 20(6): 995 - 1004.

[64] Unterholzner L, Keating S E, Baran M, et al. IFI16 is an innate immune sensor for intracellular DNA[J]. Nature Immunology, 2010, 11(11): 997 - 1004.

[65] 韩居正.面向锁相环的 MEMS 微波相位检测器的研究[D].南京：东南大学,2017.

[66] Min G, Rowe D M. Conversion efficiency of thermoelectric combustion systems[J]. IEEE Transactions on Energy Conversion, 2007, 22(2): 528 - 534.

[67] Cornett J, Chen B, Haidar S, et al. Fabrication and characterization of Bi_2Te_3 - based chip-scale thermoelectric energy harvesting devices[J]. Journal of Electronic Materials, 2017, 46(5): 2844 - 2846.

[68] Jang B, Han S, Kim J Y. Optimal design for micro-thermoelectric generators using finite element analysis[J]. Microelectronic Engineering, 2011, 88(5): 775 - 778.

[69] Jin X, Lee C, Feng H. Design, fabrication, and characterization of CMOS MEMS - based thermoelectric power generators[J]. Journal of Microelectromechanical Systems, 2010, 19(2): 317 - 324.

[70] Wang Z, Leonov V, Fiorini P, et al. Realization of a wearable miniaturized thermoelectric generator for human body applications[J]. Sensors and Actuators A: Physical, 2009, 156(1): 95 - 102.

[71] Lim J R, Whitacre J F, Fleurial J, et al. Fabrication method for thermoelectric nanodevices [J]. Advanced Materials, 2005, 17(12): 1488 - 1492.

[72] Matsubara I, Funahashi R, Takeuchi T, et al. Fabrication of an all-oxide thermoelectric power generator[J]. Applied Physics Letters, 2001, 78(23): 3627 - 3629.

[73] Bell L E. Cooling, heating, generating power, and recovering waste heat with thermoelectric systems[J]. Science, 2008, 321(5895): 1457 - 1461.

[74] Peng L, Cai L, Zhai P C, et al. Design of a concentration solar thermoelectric generator[J]. Journal of Electronic Materials, 2010, 39(9): 1522 - 1530.

[75] Yana J, Caillat T. Thermoelectric materials for space and automotive power generation[J].

Mrs Bulletin, 2006, 31(3): 224 - 229.

[76] Orr B, Singh B, Tan L, et al. Electricity generation from an exhaust heat recovery system utilising thermoelectric cells and heat pipes[J]. Applied Thermal Engineering, 2014, 73(1): 588 - 597.

[77] Kim C S, Lee G S, et al. Structural design of a flexible thermoelectric power generator for wearable applications[J]. Applied Energy, 2018, 214(1): 131 - 138.

[78] Trung N H, Toan N V, Ono T. Flexible thermoelectric power generator with Y-type structure using electrochemical deposition process[J]. Applied Energy, 2018, 210: 467 - 476.

[79] Jung Y S, Jeong D H, Kang S B, et al. Wearable solar thermoelectric generator driven by unprecedentedly high temperature difference[J]. Nano Energy, 2017, 40(1): 663 - 672.

[80] Deng F, Qiu H, Chen J, et al. Wearable thermoelectric power generators combined with flexible supercapacitor for low-power human diagnosis devices[J]. IEEE Transactions on Industrial Electronics, 2017, 64(2): 1477 - 1485.

[81] Lu Z, Zhang H, Mao C, et al. Silk fabric-based wearable thermoelectric generator for energy harvesting from the human body[J]. Applied Energy, 2016, 164(15): 57 - 63.

[82] Hyland M, Hunter H, Liu J, et al. Wearable thermoelectric generators for human body heat harvesting[J]. Applied Energy, 2016, 182(1): 518 - 524.

[83] Hyland M, Hunter H, Liu J, et al. A wearable thermoelectric generator fabricated on a glass fabric[J]. Energy and Environmental Science Ees, 2014, 7(6): 1959.

[84] Zhu W, Deng Y, Wang Y, et al. High-performance photovoltaic thermoelectric hybrid power generation system with optimized thermal management[J]. Energy, 2016, 100(1): 91 - 101.

[85] Amatya R, Ram R J. Solar thermoelectric generator for micropower applications [J]. Journal of Electronic Materials, 2010, 39(9): 1735 - 1740.

[86] Kajihara T, Makino K, Lee Y H, et al. Study of thermoelectric generation unit for radiant waste Heat[J]. Materials Today Proceedings, 2015, 2(2): 804 - 813.

[87] Aranguren P, Astrain D, Rodriguez A, et al. Experimental investigation of the applicability of a thermoelectric generator to recover waste heat from a combustion chamber[J]. Applied Energy, 2015, 152(15): 121 - 130.

[88] Kiziroglou M E, Wright S W, Tzern T T, et al. Design and fabrication of heat storage thermoelectric harvesting devices[J]. IEEE Transactions on Industrial Electronics, 2013, 61(1): 302 - 309.

[89] Glatz W, Muntwyler S, Hierold C. Optimization and fabrication of thick flexible polymer based micro thermoelectric generator[J]. Sensors and Actuators A Physical, 2006, 132(1): 337 - 345.

[90] Navone C, Soulier M, Testard J, et al. Optimization and fabrication of a thick printed thermoelectric device[J]. Journal of Electronic Materials, 2010, 40(5): 789 - 793.

[91] Chen A, Madan D, Wright K, et al. Dispenser-printed planar thick-film thermoelectric energy generators[J]. Journal of Micromechanics and Microengineering, 2011, 21(10): 1 - 8.

[92] Francioso L, De Pascali C, Farella I, et al. Flexible thermoelectric generator for ambient

assisted living wearable biometric sensors[J]. Journal of Power Sources，2011，196（6）：3239 - 3243.

［93］ Zhu W，Deng Y，Gao M，et al. Hierarchical Bi-Te based flexible thin-film solar thermoelectric generator with light sensing feature[J]. Energy Conversion and Management，2015，106（1）：1192 - 1200.

［94］ Fourmont P，Gerlein L F，Fortier F X，et al. Highly efficient thermoelectric microgenerators using nearly room temperature pulsed laser deposition[J]. Acs. Appl. Mater Interfaces，2018，10（12）：10194 - 10201.

［95］ Zhou H Y，Mu X，Zhou W Y，et al. Low interface resistance and excellent anti-oxidation of Al/Cu/Ni multilayer thin-film electrodes for Bi_2Te_3-based modules[J]. Nano Energy，2017，40：274 - 281.

［96］ Jiang J，Chen L，Bai S. Fabrication and thermoelectric performance of textured n-type $Bi_2(Te/Se)_3$ by spark plasma sintering[J]. Materials Science and Engineering B，2005，117（3）：334 - 338.

［97］ Kim D H，Kim C，Ha D W，et al. Fabrication and thermoelectric properties of crystal-aligned nano-structured Bi_2Te_3[J]. Journal of Alloys and Compounds，2011，509（17）：5211 - 5215.

［98］ Zou M，Li J F，Du B，et al. Fabrication and thermoelectric properties of fine-grained TiNiSn compounds[J]. Journal of Solid State Chemistry，2009，182（11）：3138 - 3142.

［99］ Luo W J，Yang M J，Chen F，et al. Fabrication and thermoelectric properties of $Mg_2Si_{1-x}Sn_x$ （0≤x≤1. 0）solid solutions by solid state reaction and spark plasma sintering[J]. Materials Science and Engineering B，2009，157（1 - 3）：96 - 100.

［100］ Zhao D，Tian C，Tang S，et al. Fabrication of a $CoSb_3$ based thermoelectric module[J]. Materials Science in Semiconductor Processing，2010，13（3）：221 - 224.

［101］ Wang H，Sun X，Yan X，et al. Fabrication and thermoelectric properties of highly textured $Ca_9Co_{12}O_{28}$ ceramic[J]. Journal of Alloys and Compounds，2014，582：294 - 298.

［102］ Hewitt C A，Kaiser A B，Roth S，et al. Multilayered carbon nanotube/polymer composite based thermoelectric fabrics. [J]. Nano Letters，2012，12（3）：1307 - 1310.

［103］ Li S，Toprak M S，Soliman H，et al. Fabrication of nanostructured thermoelectric bismuth telluride thick films by electrochemical deposition[J]. Chemistry of Materials，2006，18（16）：3627 - 3633.

［104］ Nuwayhid R Y，Shihadeh A，Ghaddar N. Development and testing of a domestic woodstove thermoelectric generator with natural convection cooling[J]. Energy Conversion and Management，2005，46（9 - 10）：1631 - 1643.

［105］ Leonov V，Vullers R. Wearable thermoelectric generators for body-powered devices[J]. Journal of Electronic Materials，2009，38（7）：1491 - 1498.

［106］ Gabriel-Buenaventura A，Azzopardi B. Energy recovery systems for retrofitting in internal combustion engine vehicles：A review of techniques[J]. Renewable and sustainable energy reviews，2015，41：955 - 964.

［107］ Ando Junior O H，Maran A L O，Henao N C. A review of the development and applications of thermoelectric microgenerators for energy harvesting[J]. Renewable and Sustainable Energy Reviews, 2018, 91: 376 – 393.

[108] Twaha S, Zhu J, Yan Y, et al. A comprehensive review of thermoelectric technology: Materials, applications, modelling and performance improvement[J]. Renewable and Sustainable Energy Reviews, 2016, 65: 698 – 726.

[109] Zheng X F, Liu C X, Yan Y Y, et al. A review of thermoelectrics research-Recent developments and potentials for sustainable and renewable energy applications[J]. Renewable and Sustainable Energy Reviews, 2014, 32: 486 – 503.

[110] Elsheikh M H, Shnawah D A, Sabri M, et al. A review on thermoelectric renewable energy: Principle parameters that affect their performance[J]. Renewable and Sustainable Energy Reviews, 2014, 3: 337 – 355.

[111] Snyder G J, Toberer E S. Complex thermoelectric materials[J]. Nature Materials, 2008, 7(2): 105 – 114.

[112] Wood C. Materials for thermoelectric energy conversion[J]. Reports on Progress in Physics, 1988, 51(4): 459 – 539.

[113] Saito K, Benenti G, Casati G. A microscopic mechanism for increasing thermoelectric efficiency [J]. Chemical Physics, 2010, 375(2 – 3): 508 – 513.

[114] Alam H, Ramakrishna S. A review on the enhancement of figure of merit from bulk to nano-thermoelectric materials[J]. Nano Energy, 2013, 2(2): 190 – 212.

[115] Zhao D, Tan G. A review of thermoelectric cooling: materials, modeling and applications [J]. Applied Thermal Engineering, 2014, 66(1 – 2): 15 – 24.

[116] Dresselhaus M S, Chen G, Tang M Y, et al. New directions for low dimensional thermoelectric materials[J]. Advanced Materials, 2007, 19(8): 1043 – 1053.

[117] Zhang J, Bo X, Wang L M, et al. High-pressure synthesis of phonon-glass electron-crystal featured thermoelectric $Li_xCo_4Sb_{12}$[J]. Acta Materialia, 2012, 60(3): 1246 – 1251.

[118] Harman T C, Walsh M P, Laforge B E, et al. Nanostructured thermoelectric materials [J]. Journal of Electronic Materials, 2005, 34(5): 19 – 22.

[119] Gayner C, Kar K K. Recent advances in thermoelectric materials[J]. Progress in Materials Science, 2016, 83: 330 – 382.

[120] Kao P H, Shih P J, Dai C L, et al. Fabrication and characterization of CMOS – MEMS thermoelectric micro generators[J]. Sensors, 2010, 10(2): 1315 – 1325.

[121] Kwon S D, Ju B K, Yoon S J, et al. Fabrication of bismuth telluride-based alloy thin film thermoelectric devices grown by metal organic chemical vapor deposition[J]. Journal of Electronic Materials, 2009, 38(7): 920 – 924.

[122] Liu D W, Li J F, Chen C, et al. Fabrication and evaluation of microscale thermoelectric modules of Bi_2Te_3 based alloys[J]. Journal of Micromechanics and Microengineering, 2010, 20(12): 125031.

[123] Takashiri M, Tanaka S, Hagino H, et al. Combined effect of nanoscale grain size and porosity on lattice thermal conductivity of bismuth-telluride-based bulk alloys[J]. Journal of Applied Physics, 2012, 112(8): 703.

[124] Chen Z G, Han G, Lei Y, et al. Nanostructured thermoelectric materials: Current research and future challenge[J]. Progress in Natural Science: Materials International, 2012, 22(6): 535 - 549.

[125] Li L, Chen Z, Zhou M, et al. Developments in semiconductor thermoelectric materials[J]. Frontiers in Energy, 2011, 5(2): 125 - 136.

[126] Qiu X, Austin L N, Muscarella P A, et al. Nanostructured Bi_2Se_3 films and their thermoelectric transport properties[J]. Angewandte Chemie, 2006, 118(34): 5784 - 5787.

[127] Broid D A, Reinecke T L. Effect of superlattice structure on the thermoelectric figure of merit[J]. Physical Review B, 1995, 51(19): 13797 - 13800.

[128] Chowdhury I, Prasher R, Lofgreen K, et al. On-chip cooling by superlattice-based thin-film thermoelectrics[J]. Nature Nanotechnology, 2009, 4(4): 235 - 238.

[129] Wang W, Jia F, Huang Q, et al. A new type of low power thermoelectric micro-generator fabricated by nanowire array thermoelectric material[J]. Microelectronic Engineering, 2005, 77(3 - 4): 223 - 229.

[130] Snyder G J, Lim J R, Huang C K, et al. Thermoelectric microdevice fabricated by a MEMS-like electrochemical process[J]. Nature Materials, 2003, 2(8): 528 - 531.

[131] Glosch H, Ashauer M, Pfeiffer U, et al. A thermoelectric converter for energy supply[J]. Sensors and Actuators A Physical, 1999, 74(1): 246 - 250.

[132] Xie J, Li C K, Wang M F, et al. Characterization of heavily doped polysilicon films for CMOS - MEMS thermoelectric power generators[J]. Journal of Micromechanics And Microengineering, 2009, 19(12): 125029.

[133] Huang I Y, Lin J C, She K D, et al. Development of low-cost micro-thermoelectric coolers utilizing MEMS technology[J]. Sensors and Actuators A Physical, 2008, 148(1): 176 - 185.

[134] Yuan Z, Tang X, Liu Y, et al. Improving the performance of a screen-printed micro-radioisotope thermoelectric generator through stacking integration[J]. Journal of power sources, 2019, 414: 509 - 516.

[135] Da Silva L W, Kaviany M. Fabrication and measured performance of a first-generation microthermoelectric cooler[J]. Journal of Microelectromechanical Systems, 2005, 14(5): 1110 - 1117.

[136] Harman T C, Taylor J P, Walsh P M, et al. Quantum dot superlattice thermoelectric materials and devices. (cover story)[J]. Science, 2002, 297(27): 2229 - 2232.

[137] Ta M, Deng Y, Hao Y. Improved thermoelectric performance of a film device induced by densely columnar Cu electrode[J]. Energy Oxford, 2014, 70: 143 - 148.

[138] Roth R, Rostek R, Cobry K, et al. Design and characterization of micro thermoelectric cross-plane generators with electroplated Bi_2Te_3, Sb_xTe_y, and reflow soldering[J]. Journal of Microelectromechanical Systems, 2014, 23(4): 961 - 971.

[139] Böttner H, Nurnus J, Gavrikov A, et al. New thermoelectric components using microsystem technologies. [J]. Journal of Microelectromechanical Systems, 2004, 13(3): 414 - 420.

[140] Uda K, Seki Y, Saito M, et al. Fabrication of Ⅱ - structured Bi-Te thermoelectric micro-

device by electrodeposition[J]. Electrochimica Acta, 2015, 153: 515 - 522.

[141] Kusagaya K, Takashiri M. Investigation of the effects of compressive and tensile strain on n-type bismuth telluride and p-type antimony telluride nanocrystalline thin films for use in flexible thermoelectric generators[J]. Journal of Alloys and Compounds, 2015, 653: 480 - 485.

[142] Silva L, Kaviany M, Uher C. Thermoelectric performance of films in the bismuth-tellurium and antimony-tellurium systems[J]. Journal of Applied Physics, 2005, 97(11): 114903.

[143] Mzerd A, Sayah D, Boyer J. Effect of substrate temperature on crystal growth of Bi_2Te_3 on single crystal Sb_2Te_3[J]. Journal of Materials Science Letters, 1994(13): 301 - 304.

[144] Bassi A L, Bailini A, Casari C S, et al. Thermoelectric properties of Bi-Te films with controlled structure and morphology[J]. Journal of Applied Physics, 2009, 105(12): 124307.

[145] Yuan D, Zhou X S, Wei G D, et al. Solvothermal preparation and characterization of nanocrystalline Bi_2Te_3 powder with different morphology[J]. Journal of Physics and Chemistry of Solids, 2002, 63(11): 2119 - 2121.

[146] Kim C, Dong H K, Han Y S, et al. Fabrication of bismuth telluride nanoparticles using a chemical synthetic process and their thermoelectric evaluations[J]. Powder Technology, 2011, 214(3): 463 - 468.

[147] Nassary M M, Shaban H T, El-Sadek M S. Semiconductor parameters of Bi_2Te_3 single crystal[J]. Materials Chemistry and Physics, 2009, 113(1): 385 - 388.

[148] Chen T, Ping F, Zheng Z, et al. Influence of substrate temperature on structural and thermoelectric properties of antimony telluride thin films fabricated by RF and DC cosputtering[J]. Journal of Electronic Materials, 2012, 41(4): 679 - 683.

[149] Cai Z K, Fan P, Zheng Z H, et al. Thermoelectric properties and micro-structure characteristics of annealed N-type bismuth telluride thin film[J]. Applied Surface Science, 2013, 280(1): 225 - 228.

[150] 王硕. 稀土掺杂 GaN 基稀磁半导体材料的制备与性能研究[D]. 天津：河北工业大学, 2017.

[151] Nuthongkum P, Sakdanuphab R, Horprathum M, et al. [Bi]: [Te]Control, structural and thermoelectric properties of flexible Bi_xTe_y thin films prepared by RF magnetron sputtering at different sputtering pressures[J]. Journal of Electronic Materials, 2017, 46(5): 6444 - 6450.

[152] Sun Y, Zhang E, Johnsen S, et al. Growth of $FeSb_2$ thin films by magnetron sputtering [J]. Thin Solid Films, 2011, 519(16): 5397 - 5402.

[153] Kim D, Byon E, Lee G, et al. Effect of deposition temperature on the structural and thermoelectric properties of bismuth telluride thin films grown by co-sputtering[J]. Thin Solid Films, 2006, 510(1 - 2): 148 - 153.

[154] Shen S F, Zhu Y, Deng Y, et al. Enhancing thermoelectric properties of Sb_2Te_3 flexible thin film through microstructure control and crystal preferential orientation engineering [J]. Applied Surface Science, 2017, 414: 197 - 204.

[155] Mafinezhad K, Nassabi M, Kuzani A, et al. Characterization and optimization to improve

uneven surface on MEMS bridge fabrication[J]. Displays: Technology and Applications, 2015, 37: 54 - 61.

[156] Lucibello A, Proietti E, Marcelli R. Smoothing and surface planarization of sacrificial layers in MEMS technology[J]. Microsystem Technologies, 2013, 19(6): 845 - 851.

[157] Yu A B, Liu A Q, Oberhammer J, et al. Characterization and optimization of dry releasing for the fabrication of RF MEMS capacitive switches[J]. Journal of Micromechanics and Microengineering, 2007, 17(10): 2024 - 2030.

[158] Firebaugh S L, Charles H K, Edwards R L, et al. Fabrication and characterization of a capacitive micromachined shunt switch[J]. Journal of Vacuum Science and Technology A Vacuum Surfaces and Films, 2004, 22(4): 1383 - 1387.

[159] Chang H P, Qian J, Cetiner B A, et al. RF MEMS switches fabricated on microwave-laminate printed circuit boards[J]. Electron Device Letters IEEE, 2003, 24(4): 227 - 229.

[160] Puchner H. Minimizing thick resist sidewall slope dependence on design geometry by optimizing bake conditions[J]. Microelectronic Engineering, 2000, 53(1 - 4): 429 - 432.

[161] O'Neill F T, Sheridan J T. Photoresist reflow method of microlens production Part I: Background and experiments[J]. Optik-International Journal for Light and Electron Optics, 2002, 113(9): 391 - 404.

[162] Park J M, Kim E J, Hong J Y, et al. Photoresist adhesion effect of resist reflow process [J]. Japanese Journal of Applied Physics, 2007, 46(9A): 5738 - 5741.

[163] Badillo-Ruiz C A, Olivares-Robles M A, Chanona-Perez J J. Design of nano-structured micro-thermoelectric generator: Load resistance and inflections in the efficiency [J]. Entropy, 2019, 21(3): 224.

[164] Seifert W, Ueltzen M, Müller E. One-dimensional modelling of thermoelectric cooling[J]. physica status solidi(a), 2002, 194(1): 277 - 290.

[165] Yin E, Li Q, Xuan Y. Thermal resistance analysis and optimization of photovoltaic-thermoelectric hybrid system[J]. Energy Conversion and Management, 2017, 143: 188 - 202.

[166] Zhao B, Hu M K, Ao X Z, et al. Performance evaluation of daytime radiative cooling under different clear sky conditions[J]. Applied Thermal Engineering, 2019, 155: 660 - 666.

[167] Zeyghami M, Goswami D Y, Stefanakos E. A review of clear sky radiative cooling developments and applications in renewable power systems and passive building cooling [J]. Solar Energy Materials and Solar Cells, 2018, 178: 115 - 128.

[168] Eriksson T S, Granqvist C G. Infrared optical properties of silicon oxynitride films: Experimental data and theoretical interpretation[J]. Journal of Applied Physics, 1986, 60(6): 2081 - 2091.

[169] Khosroshahi F K, Ertürk H, Mengüç M P. Optimization of spectrally selective Si/SiO₂ based filters for thermophotovoltaic devices[J]. Journal of Quantitative Spectroscopy and Radiative Transfer, 2017, 197: 123 - 131.

[170] Catalanotti S, Cuomo V, Piro G, et al. The radiative cooling of selective surfaces[J]. Solar Energy, 1975, 17(2): 83 - 89.

6　结　　语

我国力争 2030 年前实现碳达峰,2060 年前实现碳中和,这是党中央经过深思熟虑做出的重大战略决策,事关中华民族永续发展和构建人类命运共同体。实现碳达峰、碳中和是一场硬仗,也是我国能源结构转型升级的必由之路。

在全球碳中和目标下迎来投资热潮,碳中和、零碳排放正在以前所未有的方式重塑科技与资本地图,碳达峰、碳中和是挑战,也是机遇。世界各国实现碳中和目标所需投资规模均在千万亿美元以上,将创造出一大批新的行业,同时带来巨大投资机会。目前世界各国政府都在大力支持碳中和相关技术。美国新任能源部长在国会作证时说,美国将在 2030 年前花费 2.3 万亿元美元发展清洁能源技术,以保证美国的未来竞争力。我国在碳中和方面也将进行大规模的投入,到 2030 年预计投入将超过 150 万亿元。落实碳中和目标,已经成为世界各国科技力量比拼的"必争之地"。

利用天空红外辐射冷却是地球的基本散热方式,该制冷机制早已为人所知。随着科研人员在日间天空辐射冷却材料方面取得的新进展,一系列纳米光子材料、超材料、颜料和涂层等被开发出来,为实现该制冷机制的大规模应用提供了更多的可能性。例如,一种可伸缩的聚合物日间辐射冷却材料已被成功展示,这将大大降低辐射制冷技术大规模应用的成本。此外,结合了新功能(如自适应冷却)的日间辐射冷却材料将在提高辐射制冷技术效率方面发挥重要作用。

辐射制冷技术在现有能源系统的应用中也取得了很大进展。在系统集成方面,被动辐射制冷系统因构造简单、低成本和低维护而备受青睐。在太阳能系统方面,太阳能电池冷却系统通过同时反射亚带隙和紫外线的太阳照射,可加强系统天空辐射冷却效果,且该冷却系统可以与当前太阳能电池结构直接结合,使得现有系统升级可操作性强,应用前景广阔。此外,随着对日间天空辐射冷却研究的不断深入,24 小时连续运行的辐射天空冷却系统得以实现,这将给普通建筑系统节省更多能源。辐射制冷技术在制冷节电、减少建筑的暖通空调系统投资,增加太阳能电池发电和效率增益,以及发电厂节约用水等方面不断释放巨大的应用潜力。

在自然界和人类的生产与生活中,存在多种温差条件。例如,室内与室外之间的温差，汽车发动机排气管内外的温差，人体与环境之间的温差，阳光照射表面与背部之间的温差，地球与外部空间之间的温差，工业废气与环境之间的温差，太阳能电池板背面与环境之间的温差等。MEMS 热电芯片系统可以转换普遍存在在自然界中且长期以来一直被忽略的微小温差（例如室内和室外温差、海洋不同深度处的海温差、洞穴温度差、红外辐射冷却等产生的温度差）为电能，从而解决当前系统的无源能源供应问题。当前能源供应系统的维护复杂，使用寿命不足，大大限制了我们探索太空的能力。基于辐射冷却的小温差发电芯片可以在无人的地方，例如极地、岛屿、山脉和沙漠、自动无人气象站、浮标和灯塔等处实现全天候无人值守发电。地震观测站、飞机导航信标、微波通信中继站等也可以使用免维护、长寿命的微温差发电芯片。在医学上，长寿命微温差发电芯片可广泛用于各种植入式传感器中，尽管它体积小，但可以免维护和更换，从而消除了患者更换电池的痛苦。微型热电发电芯片还有望应用于手机制造领域，可以充分利用手机运行产生的余热，延长手机的电池寿命。

辐射制冷作为一种无耗能、无污染的新型制冷方法，具有巨大的潜在应用价值。随着越来越多的科研人员对红外辐射制冷技术越来越深入的研究，相信不久的将来，会看到红外辐射制冷技术在能源系统、建筑物、智能制造等领域的应用，解决更多实际问题，实现更大的价值。

大自然是人类的生存之本和发展之基，自然界先于人类的存在而存在，人类的发展受制于自然，自然也因为人类的创造更加丰富。人类发展的历史告诉我们，唯有通过创新才能够解决所有在发展中遇到的各种问题。自然资源的蕴藏量与承受力是有限的，但人类的创造力无限。相信通过全世界的共同努力，环境污染、气候变化等这些人类带来的问题终有一天会由人类自己妥善解决，人与自然会找到一个长久和谐共生的相处方式。

附录　Si 和 Sb$_2$Te$_3$ 基多层薄膜热导率

多层薄膜			厚度/nm	层　数	热导率/
材料 A	材料 B	材料 C	A/B/C	A+B+C	(W·m^{-1}·K^{-1})
非晶 Si	—	—	—	—	1.44
—	非晶 Si$_{0.75}$Ge$_{0.25}$	—			0.76
Si	Si$_{0.75}$Ge$_{0.25}$	—	1.5/1	200+200	0.98
			3/2	100+100	1.09
			6/4	50+50	1.09
			12/8	25+50	0.85
			30/20	10+50	1.12
			12/10/0	10+10	0.94
		Au	12/10/10	10+8+2	0.97
			12/10/10	10+5+5	1.02
	—		13.1/8.5	10+10	1.01
		Cr	14.2/9.4		0.89
		Ti	12.0/7.9		0.44
		Au	12/1		0.67
			12/3		0.60
			12/5		0.62
			12/10		1.31
			12/20		1.55
			12/40		2.28
Sb$_2$Te$_3$	—				1
		Au	13/1	10+10	0.85

（续表）

多层薄膜			厚度/nm	层　数	热导率/
材料 A	材料 B	材料 C	A/B/C	A+B+C	$(W \cdot m^{-1} \cdot K^{-1})$
Sb_2Te_3	—	Au	13/3	10+10	0.5
			13/5		0.45
			13/10		0.55
			13/20		0.72
			15/5		0.43
			15/10		0.60
			15/15		0.77
		Ag	15/5		0.16
			15/10		0.33
			15/15		0.50
		Cu	15/5		0.68
			15/10		1.39
			15/15		1.93
		Pt	15/5		1.44
			15/10		2.07
			15/15		2.52
		Cr	15/5		0.31
			15/10		0.43
			15/15		0.55
		Mo	15/5		0.21
			15/10		0.41
			15/15		0.53
		W	15/5		0.26
			15/10		0.37
			15/15		0.42
		Ta	15/5		0.22
			15/10		0.30
			15/15		0.37

注：薄膜的制备方式为磁控溅射，获得的热导率为室温条件下面外方向。

索　引